ICT未来予想図
自動運転, 知能化都市, ロボット実装に向けて

土井美和子 [著]

コーディネーター　原　隆浩

KYORITSU
Smart
Selection

共立スマートセレクション
9

共立出版

共立スマートセレクション（情報系分野）
企画委員会

西尾章治郎（委員長）

喜連川　優（委　員）

原　　隆浩（委　員）

本書は，本企画委員会によって企画立案されました．

まえがき

　多くの機器がインターネットにつながるようになっています．平成 26 年度情報通信白書によれば，iPhone が発売されたのが 2008 年，それからわずか 6 年で国内のスマートフォンの普及率は 62% に達しています．インターネット接続可能なテレビは 46%，テレビゲーム機は 38%，音楽プレーヤは 23%，家電は 8% となっています．さらに，大手電力会社は 2024 年度までにすべての家庭にスマートメータを導入する予定です．これによって家自体がインターネットに接続されるようになります．また，40 万人の会員を有する IEEE も，2025 年までに走行中のすべての車がインターネットに接続されると予想しています．このようにあらゆるモノがインターネット接続される IoT（Internet of Things）時代が到来し，モノ同士は人間を介さずに情報共有することが可能となります．2020 年には 500 億個以上のデバイスがインターネットにつながると予想されています．

　IoT で収集される種々のセンサ情報は AI（Artificial Intelligence）を駆使して解析され，自動運転などの自動化システムや，コミュニケーションロボットといった機械と人間が対話する対話型システムなど，最先端 ICT 技術が人間や社会に直接影響を与えるサービスも増加しています．

　このように ICT 技術が社会と深く関わり，日常生活や人間とインタラクションしている状況の中で，ICT と倫理的，法的，社会的課題（ELSI: Ethical, Legal and Social Issues）を検討して，必要

な法制化や規制緩和などを行っていくことは,わが国の喫緊の課題となっています.

本書では,現在研究開発中あるいは社会実装に向けて試行中の最先端 ICT 技術が実装された未来予想図を描き,その未来予想図からバックキャッシュすることで,ICT 技術が解決すべき ELSI 課題を複数の観点から明らかにします.

まず1章では,ライフスタイルの変容に大きな影響を与える ICT 技術の普及速度について述べ,それに基づいて,4つのポイント

(1) マルチステークホルダーの存在
(2) 人間の適応性と信頼感
(3) 人間力への影響と人間の関与
(4) パーソナルデータ活用の目的

を明らかにします.

2章から8章では,ICT 技術のうち,日常生活と今後大きな関わりをもつであろう,自動運転システム,知能化都市におけるエコシステム,コミュニケーションロボット,アシストロボット,VR (Virtual Reality) による代替現実 (SR: Substituted Reality)／人間拡張 (IoA: Internet of Abilities),BMI (Brain Machine Interface),感情認識について,上で述べた4つのポイントから考察します.

まずは,マルチステークホルダーの重要性を明らかにするために,自動運転システムと知能化都市におけるエコシステムから取り上げていきます.興味がある技術の章から読んでいただいて結構ですが,2章の自動運転システムで触れる共通の課題などは,以降のコミュニケーションロボット,アシストロボット,VR,BMI,感情認識の章では触れていないので,まずは2章に目を通していただくのが良いでしょう.

9章では，ELSIの扱いについての国際動向の現状に触れます．日本と海外の法制化姿勢が違うことなど，グローバルな展開には欠かせない点などを明らかにします．

本書は当初，筆者がコーディネーターを務める『共立スマートセレクション』の人間情報学分野の企画にはありませんでしたが，同シリーズの武田一哉先生（名古屋大学）による『行動情報処理―自動運転システムとの共生を目指して』の内容を検討している際に，ELSIの重要さに触れたことがきっかけとなって，人間情報学分野の企画として追加することになりました．

米国の数学者で南カリフォルニア大学教授のリチャード・ベルマンの名言に「良い問いは答えより重要である」というのがあります．本書のいずれかの部分が「良い問い」になっていることを願う次第です．

本書執筆のきっかけを与えていただいた共立出版の日比野元さん，またコーディネーターを務めていただいた大阪大学の原隆浩教授をはじめ，日頃よりお世話になっている皆様に深く感謝いたします．

2016年6月

土井美和子

目 次

まえがき ……………………………………………………………… iii

① **ICT と社会とのインタラクション** ……………………………… 1

   1.1 ICT 技術の普及速度　2
   1.2 未来予想図で検討すべきポイント　5

② **自動運転システム　～誰もが関係者～** …………………… 13

   2.1 自動運転システムのマルチステークホルダーの存在　15
   2.2 自動運転システムへの人間の適応性と信頼感　22
   2.3 自動運転システムの人間力への影響と人間の関与　22
   2.4 自動運転システムにおけるパーソナルデータ活用　24

③ **知能化都市におけるエコシステム　～人工知能には水が必要～**
……………………………………………………………………… 31

   3.1 知能化都市のマルチステークホルダーの存在　33
   3.2 知能化都市への人間の適応性と信頼感　38
   3.3 知能化都市の人間力への影響と人間の関与　41
   3.4 知能化都市におけるパーソナルデータ活用　42

④ **コミュニケーションロボット　～個性が違う～** …………… 45

   4.1 コミュニケーションロボットのマルチステークホルダーの
      存在　48
   4.2 コミュニケーションロボットへの人間の適応性と信頼感　55
   4.3 コミュニケーションロボットの人間力への影響と人間の
      関与　57

4.4 コミュニケーションロボットにおけるパーソナルデータ活用　60

⑤ アシストロボット　～ロボットを着る～ ………………………… 62

5.1 アシストロボットのマルチステークホルダーの存在　63
5.2 アシストロボットへの人間の適応性と信頼感　67
5.3 アシストロボットの人間力への影響と人間の関与　68
5.4 アシストロボットにおけるパーソナルデータ活用　69

⑥ VRなどによる体験　～没入は両刃の剣～ …………………… 71

6.1 VR技術のマルチステークホルダーの存在　73
6.2 VR技術への人間の適応性と信頼感　77
6.3 VR技術の人間力への影響と人間の関与　80
6.4 VR技術におけるパーソナルデータ活用　81

⑦ BMI　～制御主体の座～ ……………………………………… 82

7.1 BMI技術のマルチステークホルダーの存在　84
7.2 BMI技術への人間の適応性と信頼感　85
7.3 BMI技術の人間力への影響と人間の関与　86
7.4 BMI技術におけるパーソナルデータ活用　87

⑧ 感情認識技術　～人間力の向上～ ……………………………… 90

8.1 感情認識技術のマルチステークホルダーの存在　91
8.2 感情認識技術への人間の適応性と信頼感　92
8.3 感情認識技術の人間力への影響と人間の関与　93
8.4 感情認識技術におけるパーソナルデータ活用　94

⑨ ELSIの国際動向 ………………………………………………… 97

9.1 日本と海外の法制化姿勢の差異　97
9.2 RoboLaw（EU）　100
9.3 Robot-Era（EU）　102

参考文献 ………………………………………………………… 103
あとがき ………………………………………………………… 107
ICT技術の急発展に対して社会は準備できているのか？
（コーディネーター　原　隆浩）…………………………… 109
索　引 …………………………………………………………… 115

Box

1. エンドユーザとスポンサーユーザ ………………………………… 7
2. 自動運転に関わる標準化について ………………………………… 28
3. ロボットの個性に関するGoogle特許（US8996429B1）……… 54

①

ICTと社会とのインタラクション

　科学技術の発展は，科学の方法論のみならず，社会の在り方やライフスタイルにも大きな影響を与えてきましたし，今後も与え続けるでしょう．

　特にICT (Information and Communication Technology) は，従来の科学技術に比較して，社会への導入の速度が速く，影響も大きいです．スマートフォンの普及によるライフスタイルの変化や，顕著なコモディティ化（無人航空機「ドローン」またはUAV (Unmanned Aerial Vehicle) を用いた犯罪など）が生じ，社会の受容が技術開発に追随できない場合が生じています．社会へのインパクトを考慮した技術開発と社会へ導入後のフォローアップが必要です．このような配慮がなければ，短絡的な規制が行われる事態を招き，グローバル標準から外れた規制は適正な経済発展に影響を及ぼす可能性もあります．

1.1 ICT技術の普及速度

ICT技術の普及速度は速いとよくいわれますが，本当なのか確認してみましょう．

商品は普及率が10%を超えると，以降は雪崩式に普及して，ヒット商品になるといわれています．つまり，普及率10%がヒット商品になるかどうかの運命の分かれ目なのです．**図1.1**は総務省の情報通信白書をもとに，ICT機器についての，発売開始から普及率が10%を超えるまでの年数を表したものです．Bellの発明した電話（携帯電話と分けるためにここでは固定電話といいます）は，運命の10%ラインを超えるのに，76年かかっています．これに対して，移動網といわれる携帯電話（ここではPHSも含んでいます）は，運命の10%を超えるのにわずか8年しかかかっていません．その内数であるスマートフォンは17年，インターネットは5年，携帯電話からのインターネット接続はわずか1年です．偉大な発明家Bellでさえ，自らの発明品の普及を目の当たりにできなかったのに，今日の技術開発者たちは自ら手掛けた技術がヒットするところを目の当たりにできるのですから，幸せです．

この普及の速さに，社会の受容性が追い付かず，様々な問題が発生しているともいえるでしょう．ただし，図1.1からわかるように，カラーテレビは10%を超えるまでわずか9年でした．それにもかかわらず，「カラーテレビは読書時間を奪う」などと批判された程度であり，携帯電話やスマートフォンなどのように，使用に関する法規制（例えば道路交通法第71条第5号の5）が行われることはなかったのではないでしょうか．

カラーテレビの普及以前にすでに白黒テレビが普及しており，テレビ視聴というライフスタイルは存在していました．それと同様

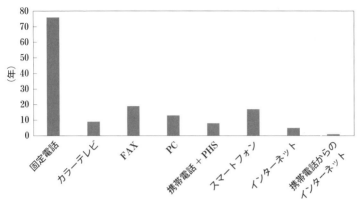

図 1.1 情報関連機器普及率が 10% を超えるまでの年数.
(総務省情報通信白書 2013 をもとに作成)

に,携帯電話やスマートフォンの普及以前にすでに固定電話はあり,電話でコミュニケーションをとるというライフスタイルはすでにありました.そうだとすると,普及の速さだけが,法規制にまで及ぶライフスタイルの変容の要因ではなさそうです.

図 1.2 には,持ち運びプレーヤ,カメラ,電話,ドローンのそれぞれ最初の商用版の大きさを 100 としたときの小型化率(ドローンだけは重さ)とそれにかかった年数が示されています(電話はここでは固定電話から携帯電話までを含めています).持ち運びプレーヤは 1/20 になるのに約 40 年,カメラは 1/100 になるのに約 80 年,1/1,000 になるのに約 90 年,電話は 1/20 になるのに約 70 年かかっています.スマートフォンになってからは逆に大きくなっています.ドローンは重さベースですが,1/10 になるのに約 65 年かかったのが,1/10 から 1/100,000 になるのに,わずか 5 年間しかかかっていません.

なお,テレビには小型化と大型化の 2 つの流れがあります.設置

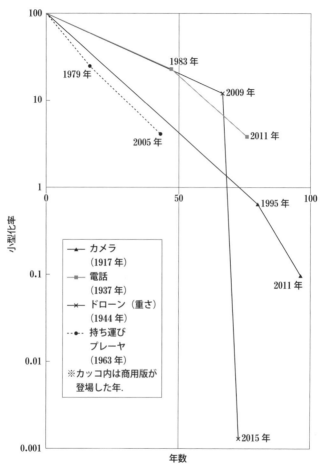

図 1.2 ICT 機器の小型化率と年数.

型テレビはディスプレイサイズだけみれば,高精細化・大型化しています.一方,スマートフォンではワンセグが視聴できるようになっているので,こちらは小型化していますが,これはテレビとして

小型化したわけではないので，ここには掲載していません．テレビは白黒からカラーになっても，家庭内で視聴するというライフスタイルは変わりませんでした．しかし，電話は固定電話から小型化，そして無線化して，携帯電話として持ち運べるようになり，家庭から公共の場で使用されるようになりました．ドローンもまだ普及率は高くないですが，一気に小型化して誰もが気軽に持ち運べるようになり，公共の場所での使用が始まりました．

　図1.1と図1.2から，普及の速さと小型化の速さ，つまり誰もが持ち歩けるようになることが，法規制にまで及ぶライフスタイルの変容の要因の一つであると考えられます．そこで本書では，ライフスタイルの変容を予測して未来予想図として描き出します．そしてこれを検討することを通して，極端な法規制を避け，緩やかな法規制などに市場が着地できるようにすることを目的とします．

1.2　未来予想図で検討すべきポイント

　前節では，ICT機器の小型化によって，家庭内から公共の場所にICT機器が出ていくことがライフスタイルの変容に大きな影響を与える可能性が高いこと明らかにしました．そこでは具体的には何が問題になってくるのかを明らかにすることが，未来予想図を通して検討すべきポイントになります．

　9章で触れるRoboLawプロジェクト[Robo, 2014]では，倫理（Ethics）と法（Law）という観点からロボットカーなどのロボット関連技術について考察しています．そこで本章では，そもそも倫理や法を必要とし，科学技術の使い手でもある人間と，科学技術との関わりを取り上げたいと思います．筆者は長年ヒューマンインタフェースに関わってきた経験から，双方の利害がぶつかり合う点が，異なるもの同士が接する界面（インタフェース）であることが

わかっています.

したがって，ここでは次の4つのポイント
(1) 人間などの関わるもの同士（マルチステークホルダーの存在）
(2) 人間から科学技術への接し方（人間の適応性と信頼感）
(3) 科学技術から人間への影響（人間力への影響と人間の関与）
(4) デジタル情報（パーソナルデータ活用の目的）
を検討しましょう.

(1) マルチステークホルダーの存在

家庭内にいるときと公共の場所にいるときとでは，何が大きく違うのでしょうか？　家庭内に存在するのは，言うまでもなく家族のみです．映像や音楽の視聴にはそれぞれのスタイルがありますが，大音量でも家族間では許されますし，問題になる場合は個室で視聴するなどの対処が可能です．しかし，それが公共の場になるとそうはいきません．ヘッドフォンで視聴していても，大音量であれば漏れ出す音があります．電車内であれば他人との距離が近いため，本人はいい気持ちであっても，好みが異なる，それも全くの他人が出す音は騒音にしかなりません．

このように公共の場所あるいは仕事場では，家庭内とは異なり，異なる立場の人々が関わってきます．いわゆる利害関係者（ステークホルダー）が複数いることから，マルチステークホルダーといいます．このマルチステークホルダーの利害が一致しないということも，未来予想図を検討するうえで大きなポイントとなります．

例えば，カメラを介護施設に設置し，夜間の見守りの負担を減らすことを考えます．介護施設の経営者にとっては，カメラなどの設備経費が介護士などの人件費削減に見合うものであれば，問題ありません．見守りの対象となる高齢者は，適切なプライバシー保護と

介護の質が保証されるのであれば,受け入れるでしょう.高齢者の家族も,適切に介護されていることを確認でき,介護負担経費が増加しない(望むらくは減少する)のであれば,カメラ設置に同意するでしょう.しかし,介護士はどうでしょうか.被介護者である高齢者が認知症などで暴れたり徘徊したりする場合,やむを得ずベッドに拘束することもあります.そのような状況をカメラで監視されたくないと反対することが予想されます.

このように,すべてのマルチステークホルダーの利害はなかなか一致しません.そのため,どこで合意を得るようにするかのバランスが問題となります.マルチステークホルダーは,ICT 導入前からすでに存在していました.従来は,問題が生じるたびに明らかに

Box 1 エンドユーザとスポンサーユーザ

筆者は民間企業においてヒューマンインタフェースの研究開発に 35 年以上携わってきました.利用者(ユーザ)にとっての使いやすさを追求することを目的としてきましたが,製品やシステムには実はエンドユーザとスポンサーユーザの 2 種のユーザがいます.例えば,駅の改札機をメーカから購入するのは鉄道会社ですが,改札機を実際に使うのは通勤客や通学客です.この場合,鉄道会社がスポンサーユーザで,通勤客や通学客がエンドユーザです.ヒューマンインタフェースの考える使いやすさはエンドユーザのためのものですが,スポンサーユーザである鉄道会社が,エンドユーザのためにコストをかけることが必要だと納得しなければ,エンドユーザに必須の機能も設計開発段階で削除される可能性があります.

したがって,ヒューマンインタフェース技術者には,それがエンドユーザにとって必須の機能であることを,スポンサーユーザ,そして自身の会社の営業部門にも理解してもらえるように説明できるコミュニケーション能力が求められます.

なるステークホルダーに対策を講じ，問題解決を図ってきました．ICTの場合は，図1.2に示したように，急激な小型化などで，一気に公的な場に持ち込まれ，マルチステークホルダーの利害衝突が一気に起こるため，従来のような漸近的な問題解決が困難になっています．

そこで，未来予想図を描く際には，マルチステークホルダーとしてどのような立場の人々が関わり，その利害はどのような関係になるかを明らかにし，合意を得るために話し合うべきステークホルダーを明らかにしていく必要があります．

(2) 技術への人間の適応性と信頼感

少し前までは電車の中で多く乗客が新聞や文庫本を読んでいました．しかしながら最近では，乗客が新聞や文庫本の代わりに熱中しているのはスマートフォンやタブレットです．しかも熱中している対象の多くは，新聞や小説からFacebookやLINEなどのSNS (Social Network Service)，ゲーム，動画に変わっています．1980年に文書処理システムの開発が始められた頃，「将来は誰もが下書き原稿も作成しないで，コンピュータを使って直接原稿を作成するようになる」といっても研究開発に携わっている数人を除いては誰も信じませんでした．今では，PCさえ持たず，スマートフォンとタブレットだけでビジネスワークをこなすユーザも多く存在します．

技術やサービスが普及するには，最初は，ユーザの期待感を上回る有用性や楽しさが必要です．その有用性や楽しさが，技術やサービスに対する拒否感を上回れば，少しずつユーザが増え，普及が始まります．一方，普及しても，故障などの不具合が頻発すると，技術やサービス，ひいてはメーカに対する信頼感が薄れ，最悪の場合には，技術やサービス，そのメーカの他の製品まで使用されなくな

ることもあります．さらに，業界全体への信頼感を失うことにもつながります．

ライフスタイルの変容が起こるには，技術やサービスが普及すること，そして使用され続けることが必要です．普及するためには，まず技術やサービスに対する人間の適応性が高くなければなりません．また使用され続けるためには，信頼性が確保され続けられねばなりません．

本書では，マルチステークホルダーの多様性も考慮しつつ，この適用性と信頼性に関して，未来予想図を描いていきます．

(3) 人間力への影響と人間の関与

多くの現代人は，スケジュール管理や連絡手段などをスマートフォンや携帯電話に依存しています．出張などで電波の届かないところに行き，スマートフォンや携帯電話の充電が切れて電波を受信できなくなると，メールが読めず，またSNSに投稿することもできず，世の中から隔離されたような想いを抱いてしまうことがあります．このスマートフォンや携帯電話への依存は，ゲームへの依存と同様に問題です．

便利さや楽しさと引き換えの依存性は，何もスマートフォンやゲームに限ったことではありません．過去にはテレビへの依存もありました（現在でも介護施設などでは多くみられます）．依存することで孤立化し，孤立化することでさらに依存性が高まるという悪循環があるのは事実です．

本書では，技術やサービスによる人間力の向上というポジティブな影響とともに，依存性のような人間力へのネガティブな影響についても言及したいと思います．

2章で扱う技術やサービスには人間が何らかの形で関与してい

ます．そこでは「人間は必ず間違える」ことが前提です．人間のエラーは大きく分けると以下のように分類できます [小松原, 2003]．

・人間能力的にできないという「無理な相談」,「できない相談」
・取り違い，思い違い，考え違いなどの判断「錯誤」
・し忘れなど記憶の「失念」
・その作業を移行する能力，技量が不足している「能力不足」
・すべきことを知らない「知識不足」
・手続きや怠慢などの「違反」

技術やサービスなどによって，人間の「失念」,「能力不足」や「知識不足」,「違反」などを補完することでエラーを減らすことはできそうです．しかし，そのために人間が「能力不足」や「知識不足」,「違反」に関わる経験を積まないまま，いざという時に「錯誤」せずに判断することができるでしょうか？

例えば，工場の製造プロセスが自動運転になることで，「能力不足」や「知識不足」,「違反」に関するエラーの心配がなく，運転員の経験などに頼らずに安定した製造が確保できます．このように，多くの自動運転では，通常時は人間を関与させないことでエラーを減らしています．しかし，非常時には人間が関与しないと復旧できないため，非常時でも「錯誤」せずに判断できるような訓練を日頃から行っています．工場の操作員や飛行機のパイロットなどに対しては，このような訓練を行うことは，資金的にも時間的にも可能です．

一方，本書で取り上げる技術やサービスの多くは，日常的に使用するものが多く，利用者に非常時対応の訓練を課すことは現実的ではありません．そこで本書では，技術やサービスにおいて，人間の関与する場面などを明記することで，今後の課題を明らかにします．

(4) パーソナルデータ活用の目的

特定個人を識別できる個人情報に関しては個人情報保護法があるので,その取扱いには皆さんも気を配っていると思います.個人情報に対して,位置情報や購買履歴などの個人の行動や状態などに関する情報,いわゆるパーソナルデータの取り扱いはどうでしょうか?

個人情報とプライバシー侵害の可能性がある情報は,**図 1.3** に示すように,必ずしも一致していません.プライバシー侵害の可能性が高いものは,慎重な取扱いが求められます.

研究者や技術者にあっては,もちろん図 1.3 のようにパーソナルデータにはいろいろなものがあることを理解しておく必要があります.理解しているとしても,技術やサービスの研究開発に没頭するあまり,行動や状態を取得することの目的や意義について,その研究開発に関わるマルチステークホルダーも自分たちと同様に理解すると思い込んでいる傾向があるのではないでしょうか.

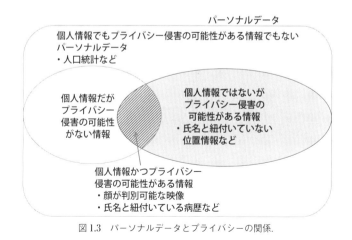

図 1.3　パーソナルデータとプライバシーの関係.

例えば，カメラを設置して，画像処理によって人流計測をする場合は，人流計測の目的の正当性が重要となります．鉄道のホームからの落下防止など生命・身体・財産の安全確保や，テロ防止，犯罪防止目的などであれば，正当な目的となります［土井, 2007］．しかし，万引き防止のために，デパートのトイレの出入り口付近に設置するような場合は，正当な目的と言い切ることは難しいです．

そこで次章からは，本書で取り上げるICT技術やサービスそれぞれについて，パーソナルデータ活用の目的が正当であるかどうかの検証を行っていきます．

自動運転システム
～誰もが関係者～

　ここからは，研究開発中あるいは社会実装試行中の実例をもとに，ICTと社会インタラクションの未来を予想し，1.2節で抽出した4つのポイントから具体的な課題をあぶりだしていきます．まず本章では，自動運転システムを取り上げます．

　自動運転車は，DARPA（Defense Advanced Research Projects Agency，アメリカ国防高等研究計画局）グランドチャレンジなどをきっかけに研究開発が始まり，2011年にはネバダ州において，公道での自動運転車の運転を可能とする法律が可決されるなど，実現性が高まっています．GoogleのロボットカーにはGPS（Global Positioning System，全地球測位システム）の他に，周辺車両や歩行者，障害物などを識別するためのLIDAR（Light Imaging Detection Ranging：レーザーレーダ）など約15万ドルの機器が搭載されています．

　日本でもトヨタ自動車が2020年に高速道路での自動運転を可能にすると発表しています．さらに，2020年の東京オリンピック・

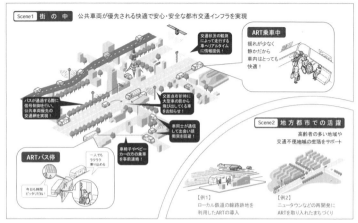

図 2.1　次世代都市交通システム（ART）．
（[内閣府, 2015] より引用）

パラリンピックに向けて，自動運転車など含めた次世代都市交通システムなど 11 のシステムが検討されています [内閣府, 2015]．**図 2.1** は次世代都市交通システム（ART：Advanced Rapid Transit）の例です．

この次世代都市交通システムの目的は「すべての人に優しく，使いやすい移動手段を提供する」ことです．街の中では「公共車両が優先される快適で安心・安全な都市交通インフラを実現」し，地方都市では「高齢者の多い地域や交通不便地域の生活をサポート」します．「車同士が通信して出会い頭衝突を回避」し，「交差点右折時に大型車の陰から飛び出してくる車をお知らせ」することで，安全性を確保します．さらに「バスが通過する際に信号制御を行い，公共車両優先の交通網を実現」し，「車椅子やベビーカーの方の乗車を事前連絡」することで，定時運行が確保され，安心して利用できます．

車同士の衝突防止には車車間通信（V2V：Vehicle to Vehicle）による制御技術などが必要となります．飛び出し車や人との衝突検出には画像処理技術が必要となり，急停車による衝突を防ぐためには，車車間通信の他に路車間通信による制御技術が必要となります．

　公共車両の優先走行のためには，路車間通信で公共車両の走行を検知し，信号を制御する必要があります．さらに，車椅子やベビーカーが安心して乗り込めるようにするには，乗降口の段差や幅を最小限に抑える自動幅寄せや車高調整の技術が必要となります．次世代都市交通システムを実現するには，それ以外にも多くの技術を必要とします．

　自律運転システムが実用化されるには，多くの技術開発が必要です．例えば路車間通信では，道路には通信インフラ，車には通信インフラとの間で送受信するための通信システムが実装される必要があり，車車間通信では，車に通信システムが実装される必要があります．

　これら多くの技術に支えられる自動運転ですが，完全に人間が関与しないわけではなく，**表 2.1** のように4段階の自動化レベルに分類され，最終責任者についても検討されています［NHIS, 2013］［青木, 2014］．

　以降では，図 2.1 のような自動運転システムが日本中の至る所に実装されていく過程，あるいは実装された後に出現するであろう課題について，自動運転のレベルも考慮しつつ，4つのポイントに沿って検討していきます．

2.1　自動運転システムのマルチステークホルダーの存在

　自動運転車を運転制御しているのは運転者か，それとも自動運

表 2.1 自動運転レベルと運転の主役.

([NHIS, 2013], [青木, 2014] をもとに作成)

レベル	内容	最終責任者	自動運転中の運転者状態 目	自動運転中の運転者状態 脳	安全運転の主役
0	手動運転：支援なし.				人間
1	個別支援：特定機能の自動化, アクセサリー電源（ACC：Accessory），車線逸脱防止支援システム（LKAS：Lane Keeping Assist System）など特定の条件で作動し，ステアリング操作，制動操作など個別システムよる支援.	運転者	ON	ON	人間のミスをシステムがカバー
2	システム統合：半自動運転, 複合支援，レベル1における個別システムを複合同時作動させることにより実現される前後左右方向の自動制御.	運転者	ON	ON	システムのミスを人間がカバー
3	進化したシステム：限定的自動運転, 条件付き自動運転, レベル2の個別システムの動作を電子制御により統合し, より高度な運転が実現される状態.	運転者	OFF	ON	システムのミスを人間がカバー
4	完全自動運転：運転者が何もしなくても目的地まで移動可能.	システム	OFF	OFF	すべてシステム

システムか，これは自動運転レベルによって大きく異なってきます．そのため，ここでは部分的に自動運転となるレベル1（**図 2.2** (a)）と完全に自動運転となるレベル4（図 2.2 (b)）に分けて，自動運転システムのマルチステークホルダーについて考えていきます．

(1) 自動運転レベル1の自動車の場合

図 2.2 (a) には，自動運転システムの要素である自動運転レベ

② 自動運転システム〜誰もが関係者〜　17

(a) 自動運転レベル1

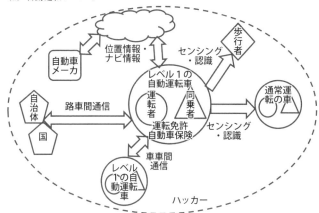

(b) 自動運転レベル4

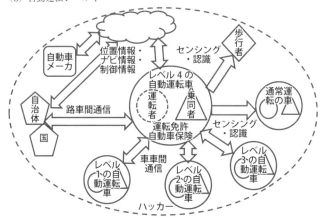

図2.2　自動運転システムのマルチステークホルダー関連図.

1の自動車と自動運転でない普通の自動車，そして歩行者，自動車メーカ，道路を管理する自治体や国がステークホルダーとして記載されています．それに加えて，クラウドを含めて自動運転システム

に攻撃をしかけるハッカーも記載されています．図 2.2（a）は，完全自動運転システムに至る自動運転システムの発展途上の過程となります．

運転者は運転免許をもっており，自動運転車の保険もかけて，自動運転レベル 1 の自動車を運転しています．自動運転車は搭載している画像センサやレーザーセンサなどを用いて，車線を認識して車線を逸脱しないように，また歩行者や他の車を認識して衝突しないように，自動的に運転制御されます．車車間通信を搭載しているレベル 1 の自動運転車とは，車車間通信により衝突しないように運転制御あるいは警告提示を行います．

また，大型車の陰から飛び出す歩行者や車などがある，といった情報を提供するのが路車間通信です．この路車間通信のインフラ整備を担うのは自治体や国です．路車間通信により，路線バスや救急車などの緊急車両から送信された位置情報に応じて信号制御を行うことで，路線バスや緊急車両の優先通行を実現することができます．これらの信号制御を担うのは，正確には自治体や国ではなく地元警察や警視庁ですが，図 2.2（a）ではこれらをまとめて自治体や国としています．

異なるもの同士が接する界面（インタフェース）で問題が起こることを 1.2 節で述べましたが，図 2.2（a）ではその界面は自動運転車から他のステークホルダーに伸びている矢印が相当します．

自動運転時における事故の責任の所在については，自動運転車を除けば，マルチステークホルダーは非自動運転時であっても存在しているので，ここでは自動運転時における課題に特化して検討します．

・**自動運転車と歩行者**

非自動運転では，運転者が目視で歩行者を確認して回避します．

② 自動運転システム〜誰もが関係者〜　19

自動運転では，システムがセンサを使って歩行者を認識をして回避します．レベル1では，人間のミスをシステムがカバーする仕組みですが，万が一，歩行者を回避できずに衝突した場合は次のような可能性があります．

(a) センサあるいは認識処理システム，回避制御システムのエラー → 自動車メーカの責任
(b) センサあるいは認識処理システム，回避制御システムは正しかったが，運転者が手動運転に切り替えて衝突 → 運転者の責任
(c) 回避制御をしたため，他の歩行者と衝突，あるいは外壁に衝突して運転者などが負傷 → ケースバイケース

(c)のケースバイケースの解釈は非常に複雑です．刑法37条第1項には

「自己又は他人の生命，身体，自由又は財産に対する現在の危難を避けるため，やむを得ずにした行為は，これによって生じた害が避けようとした害の程度を超えなかった場合に限り，罰しない．ただし，その程度を超えた行為は，情状により，その刑を減軽し，又は免除することができる．」

とあります．つまり，回避行為をしたのが人間であれば，回避行為の対象が M 人で，衝突した歩行者が N 人として $M > N$ であれば，法的には回避行為は正当となりますが，$M < N$ であれば，正当ではなくなるということです．一方，システムが複数人以上の歩行者の回避行為をすることによって，運転者が負傷する場合はどうでしょうか？　システムは搭乗者を守ることを最優先に設計されているので，運転者を守るために，歩行者を回避せずに衝突する方を選びます．この場合 $M < N$ となりますが，運転しているのは人間ではなくシステムなので，刑法37条の対象にはならないと考えら

れます.しかし,レベル1からレベル3の自動運転システムでは,人間の運転者がいるため刑法37条の対象となるので,優先順位を変更しなくてはなりません.

また,事故が起こった際に,そもそもシステムのエラーであることを明らかにできる保証はないので,上記の(a)の場合であっても,自動車メーカに責任があるとはいえない可能性もあります.したがって,運転者は自動運転中であっても手動運転時と同様に,目も脳も注意を怠らずに「ON」になっていなくてはなりません.

・**自動運転と手動運転の切り替え**

とはいえ,自動運転中,運転者の注意が散漫になることもあるでしょう.その瞬間に何らかの原因で,システムが自動運転から手動運転に切り替わったとしたら,どうでしょうか? 切り替えを知らせる警報が鳴っても注意散漫であったら,切り替えに気付くのが遅れて,手動運転への追随が遅れる可能性もあります.あるいは,警報に驚いて運転者が動転して大きくハンドルを切る,などのミスを犯す可能性もあります.認知機能の衰えた高齢運転者のミスもカバーできるはずの自動運転システムが,かえって事故を誘発する可能性もあるわけです.運転者を動転させない適切な警報の出し方などの新たな研究が必要となります.

(2) 自動運転レベル4の自動車の場合

図2.2 (b) には,自動運転システムの要素である自動運転レベル4の自動車と,自動運転でない普通の自動車,自動運転レベル3,レベル2,レベル1の自動車,そして歩行者,自動車メーカ,道路を管理する自治体や国が,ステークホルダーとして記載されています.それに加えて,クラウドを含め自動運転システムに攻撃をしかけるハッカーも記載されています.走行する自動車すべてがレベル

4の完全自動運転車になるのはかなり先であると考えられるので，図2.2（b）も完全自動運転システムに至る発展過程となります．

・自動運転と手動運転の切り替え

図2.2（a）との大きな違いは，種々の自動運転レベルの自動車の存在の他に，レベル4の自動車にはもはや運転者が存在しないことです．運転の最終責任者は自動運転システムであり，システムがすべて制御をしており，運転者の目も脳も「OFF」になっています．したがって，異なるもの同士が接する界面で問題が起こるとしても，すべてシステム側の責任となります．ちなみに2016年2月，アメリカ運輸省は，レベル4の自動車の運転者は人工知能，つまりシステムであるとの判断を下しています．

その代わりに問題となるのがハッカーの存在です．ハッカーに襲撃されたときに，自動運転を解除して，人間が手動運転に切り替えられるかどうかということです．そもそも運転免許をもっている人間が同乗していない可能性もあります．運転者が同乗していたとしても，目も脳も「OFF」になっている状態で手動運転に切り替えできるか，切り替えられたとしても，瞬時に手動運転に移行して適切に運転することが可能でしょうか．ハッキングによって手動運転に切り替えられたときに，どのように対処するかという問題も起こります．

・裏方と担当機関の壁

図2.2（a）（b）にはメーカ，自治体，国，ハッカーなど本当に多くのマルチステークホルダーが関わっています．

一口に自治体といっても，走行中の道路によって，都道府県，市町村，あるいは国（国土交通省）など，管理主体は様々です．ある県では自動運転はOKでも，他の県ではNGという可能性もあります．実際に，米カリフォルニア州の車両管理局は2015年12月16

日,将来的な自動運転車の走行の際には運転者が乗車している必要があるとする法案(上院法案1298)を発表しました.法律改正をしない限り,全米を無人運転で走破できないというのが現状です.

2.2 自動運転システムへの人間の適応性と信頼感

ボストンコンサルティンググループの予想によれば,自動運転車は2035年の世界販売台数のうち,15%は部分自動運転車,10%が完全自動運転車となります.またアメリカでの調査では,5,000ドル以上を追加して払うことによる部分自動運転車の購入希望は5年以内で55%,完全自動運転車の購入希望は10年以内で44%となっています.理由の1位は保険料の安さ,2位は安全性の向上となっています.安全性に対する信頼感と,そこから発生する保険料低下への期待が大きい証左です.つまり安全性が向上しなければ保険料低下もなくなるので,自動運転システムにおいては安全性が保証されることが非常に重要です.そのためにも前節で述べたような自動運転と手動運転との切り替えなど,問題が発生しやすい場面の対処が欠かせません.

2.3 自動運転システムの人間力への影響と人間の関与

自動運転システムが普及することによって,カーシェアとロボットタクシーの活用による交通コスト削減などの未来予想図が描かれています.本節では,そのような未来予想図の中で,人間の自動車に対する感覚の変容について考えてみます.

現在のところ歩行者は,走行中の自動車を見れば危ないから回避しないといけないと考えることが常識です.自動運転車が普及すると,自動車は歩行者を必ず回避するから大丈夫と考えることが常識になるでしょう.しかし,走行している車のすべてが自動運転とな

(a) 非自動運転車   (b) 自動運転車

**例えば安全性を強調してライトが
ハートマークになっている.**

図 2.3　自動運転かどうかが判別可能な外見.

るのはかなり先になると考えられるため，図 2.2（b）に描かれているような種々の自動運転車と非自動運転車とが混合する状況がしばらく続きます．そうだとすると，歩行者は安全な自動運転車とそうではない非自動運転車とを見分けて，安全を確保しなくてはなりません．

　また，販売されるすべての自動車が自動運転レベル 4 になったとしても，運転することが好きな運転者は，運転することを楽しむために非自動運転車を購入するでしょう．その目的に沿うように，自動運転レベル 1 あるいはレベル 0 での運転がオプションになっている自動運転レベル 4 の車も必ずあるはずです．このように筆者は，非自動運転車はいつまでもなくならないと予想しています．

　現在の部分自動運転車は外形からは判別できませんが，歩行者の安全を守るために，外形から自動運転車と非自動運転車とを判別できるようにする必要があります．特に子供の歩行者でも見分けられるようにすべきです．例えば**図 2.3** に示すように，自動運転車の安全性を強調して，ライトをハートマークの外形にするなどの工夫をすることによって，自動運転車ということが一目で判別できるようになるでしょう．

　自動運転システムに限らず，ICT（Information and Communication Technology）の進展は外見には表れにくいものです．進展がわかるように外見などに違いを出すといった工夫は，一見，技術進歩には関係ないように見えますが，利用者の使い勝手や社会的寛容さを増すためには，大事な点だと思います．

2.4 自動運転システムにおけるパーソナルデータ活用

現在でも自動車の位置情報などの走行情報は，いわゆるプローブ情報として，トヨタのG-Book，日産のCARWINGS，ホンダのインターナビプレミアムクラブなど，それぞれの自動車メーカ等に送信され，渋滞を考慮したルート案内などの情報サービスに利用されています．自動車の保有者と自動車メーカとの間では契約のもとにデータ提供が行われています．東日本大震災の際は，これらの自動車メーカが保有するプローブ情報のうち，自動車が実際に通過した実績などを集約して被災地の道路開通状況を明らかにすることで，救援活動や物資輸送に大いに貢献しました．このときは非常時ということもあり，個別の自動車の特定はせず，走行実績の提供だけであったので，パーソナルデータ活用としての問題はありませんでした．

しかし，ある地域を走行している車両が数台しかないときは，個人を特定できる可能性があります．通常時でもプローブ情報を利用する場合には，個人の特定がしにくくなるように，一定以上の人数，例えば100人以上といった閾値を決めて利用する必要があります．これはNTTドコモが行っているモバイル空間統計でも，同様の配慮がされています．

また車車間/路車間通信やタイヤ空気圧検知システムなどでも，無線電波から車両特定可能情報等のプライバシーが漏えいする可能性があります．これらについても，電波伝搬シミュレータによる解

表2.2 車内でのモニタリング.

技　　術	検出対象	目　　的	課　　題
車両信号検出（ハンドル操作や前方カメラ）	ハンドル操作の微小挙動や車線に対する車のふらつき.	車両挙動を補足して，漫然運転や居眠り運転などの防止.	検出速度.
生体信号検出（カメラ）	瞬目や顔向きの変化.	脇見や眠気の検出から漫然運転や居眠り運転などの防止.	外乱光によるノイズなどの誤検出.
生体信号検出（生体センサ）	心拍数や血圧の変化.意識・感情レベルでの状態把握.	体調不良を検出し，漫然運転など早期に発見して防止．自動運転への過信/不信の抑制.	走行振動によるノイズなどの誤検出.個人差を吸収する状態遷移モデルの構築.

析などにより，漏えい可能性の検討がされています．

　それらについて本節では，自動運転システムでの歩行者検知や運転者のモニタリングなど，個人に対する種々のセンシングが行われている点を検討します．

　歩行者検知の手法は，レーザーやカメラを用いた画像処理によるセンシングです．顔検出を行っていても，顔の認識はせずに歩行者の位置などの検知に必要な処理結果のみを残し，取得した生の画像データを処理した後に削除していく方式であれば，プライバシー的な問題は発生しません．一方，歩く姿から個人が特定できる歩容認証の技術もあるので，歩容認証はできないが，位置推定などの検知はできる，という短時間のデータのみを取得して解析するなどの工夫も必要になります．

　車内でのモニタリングは**表2.2**のようにまとめられます．モニタリングに使用されるのは，主として車両信号と生体信号です．

　車両信号はハンドル操作や前方カメラなどを用いた，ハンドル操作の微小挙動や車線に対する車のふらつきなど，運転者の運転結果

によって生じる車両自身の動きです．これらをもとにして，運転者の注意が散漫になった漫然運転や居眠り運転を検出します．安全な運転を保証するためには，検出速度が課題となります．

　生体信号には，カメラを使用するものと生体センサを使用するものとがあります．カメラによって瞬きや顔向きを検出し，漫然運転や居眠り運転などを防止します．昼夜あるいは天候・街灯などによって外光の光量が変化するため，誤検出が課題となります．顔向き検出のために取得した顔画像は，顔向き検出処理後，即時に削除することが，パーソナルデータ利活用の観点から必須となります．

　生体センサは心拍数や血圧を計測して，その変化から体調不良を検出し，漫然運転などを発見して，事故を防止します．直接生体信号を取得するので，車両信号より早期に検出できることが特徴です．しかし，走行振動によるノイズなどが誤検出の原因となるので，車両信号を用いたノイズ除去などが必要となります．

　さらに，過度に自動運転に依存しないように，あるいは自動運転への不信を抑制するために，生体センサから意識・感情レベルでの状態を把握することも検討されています．個人差を吸収する状態遷移モデルの構築が大きな課題です．

　生体センサの使用にはいくつか課題があります．心拍数や血圧などを計測するために，運転者に直接接触して計測する必要があります．下着，腕時計あるいはハンドルに生体センサを搭載し，運転者に密着させなければなりません．密着させて継続して計測することで，体調変化や意識・感情レベルでの状態の把握が可能となるわけです．個体差があるため，計測対象の個人を特定して，計測した生体データと紐付けて蓄積・解析しなくてはならないことが課題となります．

　当面の間，計算機能力的に解析は車載計算機では不十分なので，

個人と紐付けされた生体データを車両データと合わせてクラウド側に送信して解析し，状態遷移モデルを構築します．構築した状態遷移モデルに基づき，取得した新たな生体データと車両データとを状態遷移モデルの対象と同一人物，同一車両であることを確認した上で，運転者の意識・感情レベルを推測して，車両を制御したり，運転者に警告を出します．

つまり，個人に紐付けされた情報が，自動運転車とクラウドとの間でやり取りされます．匿名化などによるプライバシー保護は必須となります．さらに留意が必要なのは，車両データはプローブ情報としても使用される点です．**図 2.4** (a) のような，状態遷移モデル構築のための生体情報と紐付けて一緒に送信されるので，加工されないまま車両メーカから自治体などへ送信されると，個人を特定することができてしまい，プライバシー保護の観点から問題といえます．図2.4 (b) のように，車両メーカがプローブ情報として自治体や国などに提供する際には，個人を特定できないように加工処理

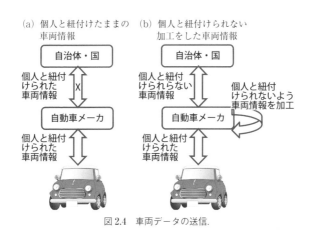

図 2.4　車両データの送信．

して提供しなければなりません．

なお自動運転システムなどにおける行動情報処理については，本シリーズの [武田, 2015] を参考にしてください．

> ## Box 2　自動運転に関わる標準化について
>
> いまや市場は国際化しており，製品もグローバルに通用するものでなければなりません．この国際化の観点に欠かせないものが標準化です．車車間通信などでは，周波数が異なれば使用する部品も異なるので，日本国内用と海外用とで別の部品が必要となり，コスト増につながります．自動車排気ガス規制などは，規制値をクリアしないと販売さえできません．そのため，国際標準をクリアしたとお墨付きを与える認証機関が必要となり，この認証機関が利益を生み出しています．
>
> 標準化には，世界中のメーカが自分たちの技術を標準化に入れ込もうと参加しています．実際に標準化されるものは，製品製造に必要な様々な仕様がまとめられた標準化文書です．文書なので，それをもとに製品を製造しようとしても，特許文書と同様に，記述されていないノウハウがあるので，簡単には製造できません．特に通信分野では，標準に基づき，つながらないとなりません．標準に入った技術が実装されているものがマスター製品となり，このマスター製品と通信できるように試行錯誤を行うわけです．標準化に参加しなかった，あるいはできなかった他社が試行錯誤している間に，標準化に入り込めたメーカは，一足先に製造して販売できるわけです．
>
> 自動車にも多くの標準化が関連していますが，自動運転システムだけでも以下に示す多くの標準化が関わっています．
>
> 国際標準化団体としてはジュネーブに本部がある国際標準化機構（ISO：International Organization for Standardization）に TC 204 (Technical Committee) ITS があります．日本では ISO の事務局は経済産業省に設置されている日本工業標準調査会（JISC）が会員です．TC 204 の日本対応組織は ITS 標準化委員会で公益社団法人自動車技術

会が事務局を務めています。TC 204 の下には 18 のワーキンググループ（WG）が設けられ，制御システム，車車間通信から HMI（Human Machine Interface）まで幅広くカバーされています．

TC 204 とは別に TC 22 自律走行車があります．こちらは ISO とは別の国際標準化団体である国際電気標準会議（IEC：International Electrotechnical Commission）と合同の委員会で，14 の SC や WG にて協調システムや車載ゲートウェイについて標準化を進めています．TC 22 の日本対応も自動車技術会です．

また，国際電気通信連合（ITU：International Telecommunication Union）の ITU-T FG-FITCAR，FG-CarCom（Focus Group）で，ハンズフリーコミュニケーションや車内外通信プロトコルなどを議論しています．ITU-T の SG5 WP5A（Working Party）で周波数の検討をしています．ITU は ITU-R（無線通信部門）と ITU-T（通信部門）に別れていますが，日本では，ITU の窓口は総務省です．ITU-T の ITS の関係は一般社団法人情報通信技術委員会（TTC）が事務局となっています．また ITU-R の ITS 関係は一般社団法人電波産業会（ARIB）が事務局となり，ITS 情報通信システム推進会議が対応しています．通信の関係では，会員 40 万人を抱える世界最大の学会 IEEE（The Institute of Electrical and Electronics Engineers）では IEEE802.11p と IEEE1609 を組み合わせた車用の無線アクセス WAVE（Wireless Access in Vehicular Environment）の標準化を行いました．ISO，IEC や ITU の投票権が 1 国 1 票であるのに対し，IEEE は会員であれば，学生でも 1 票の投票権をもっています．

アメリカの SAE International（Society of Automotive Engineers）という自動車専門家を会員とする団体が，公道自動走行車（ORAV：On-Road Automated Vehicle）を立ち上げ，自動運転に関わる企画策定を行っています．

このように多くの団体が関連しているので，ITS に関してこれら標準化団体間での協調や調整を行う CITS（Collaboration on ITS Communication Standards）が設けられています．

また，これらとは別に，国際連合における自動車に関わる安全・環境基準の国際調和と認証の相互承認を推進するために，自動車基準調査世界フォーラム（WP 29）があります．WP 29 は日本では国土交通省が窓口となって対応しています．

　標準化だけでもこのように多くの団体や省庁が関わっている点からも，自動運転システムの実装への困難さ，関係する規制の多さなどが予想されます．

　ちなみに，欧米では 5.9 GHz を車車間通信に使用する周波数としていますが，日本ではアナログテレビに使っていた，いわゆるプラチナバンドと呼ばれる 700 MHz を使用しています．標準化するというのは難しいことです．

知能化都市におけるエコシステム
～人工知能には水が必要～

　「知能化された都市」といったとき，何を思い浮かべるでしょうか？　[内閣府，2015] にあるように，海外からの来訪者も含めて，言語や文化の違いを超えて，オリンピックやパラリンピックなどのイベント会場へ案内したり，災害時には避難誘導したりするスマートホスピタリティ（**図 3.1**）や移動最適化システム（**図 3.2**）を思い浮かべる方もいるでしょう．さらに安全係などをロボットが務めている様子を追加して想像する方もいると思います．

　あるいはスマートメータからの電力消費データや，人の所在位置をもとにエアコンの温度制御や電力料金の制御を行い，CO_2 排出量の制御を行う低炭素都市，つまりスマートシティを思い浮かべる方もいるでしょう．

　スマートホスピタリティや移動最適化システムでは，知能化の対象としているのは人の流れです．スマートシティでは，知能化の対象はエネルギーの流れです．知能化都市というとき，人の流れやエネルギーの流れなどは個別に制御して最適化するので，問題ないの

図 3.1　スマートホスピタリティ．
([内閣府, 2015] より引用)

でしょうか？

　オリンピックやパラリンピックなどのイベントがあると開催地に人が集中し，人の流れの制御が必要になります．さらにビジネスのために都市に人が集中するとエネルギーの制御も必要となります．また，人が集中するとスマートフォンなどの使用も多くなり，情報通信も集中します．情報通信においては，通信システム，コンピュータ，そしてデータセンターなどがエネルギーを必要とします．人が集中すれば，水や食料も集中します．水や食料の流れの制御には当然，情報通信が必要となります．また，エネルギー生産には後述するように水が必要となります．

　知能化都市を考える際に，スマートホスピタリティ，移動最適化システム，スマートシティ，というように個別のシステムを考える方法もありますが，本章では，それらのシステムが対象とするエネルギー，情報，水，食料などの生活資源間の連鎖に目を向けて，知

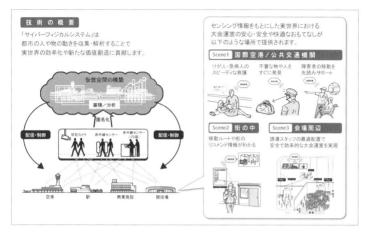

図 3.2 移動最適化システム．
([内閣府, 2015] より引用)

能化都市のエコシステムを考えてみます．

3.1 知能化都市のマルチステークホルダーの存在

　知能化都市のエコシステムは，**図 3.3** のように，情報，エネルギー，水，食料の生活資源間の連鎖になります．本来は，これらの生活資源を担う機関をマルチステークホルダーとして取り上げて議論すべきでしょう．しかしそれらの機関を挙げると膨大な数になり，収拾がつかなくなるので，図 3.3 に示した生活資源の単位で議論していきます．

　エネルギーを取り上げるなら CO_2 も取り上げるべき，という意見もあるでしょう．CO_2 は環境を考える上で重要ではありますが，生活資源ではないので，ここでは取り上げません．

　情報は，エネルギー，水，食料の制御を行うため，他の 3 つの生活資源に矢印が伸びています．情報は，コンピュータやデータセン

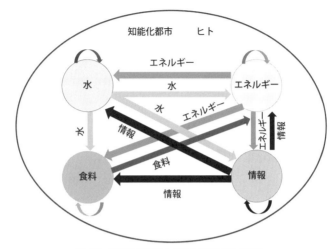

図3.3 知能化都市における生活資源間の連鎖.

ター,通信で電力を消費するため,エネルギーから情報へと矢印が伸びています.情報は**図3.4**と**図3.5**に示すように,情報爆発によってデータセンターが増大し,ネットワークの通信量増大に伴ってルータの消費電力も増大します.その結果,2020年には2010年の5倍以上の電力が必要になると予想されています.現在は図3.4と図3.5の想定時よりデータセンターとルータの消費電力は改善されていますが,今後消費電力が増大することは確実です.

消費電力を低減するために,スーパーコンピュータ「京」は,冷却に水冷と空冷のハイブリッド法を採用しています.冷却水を直接供給して冷やす方法です.このように計算機の冷却に水が使われるため,図3.3では水から情報に矢印が伸びています.

さらに,IT農業や漏水管理,IoTなどの知能化により,収集情報量は増大し,センサが集めたデータの通信量も増大するので,低消費電力化が行われても,図3.4や図3.5の想定よりも増加する可

③ 知能化都市におけるエコシステム〜人工知能には水が必要〜　35

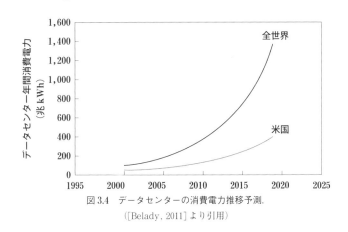

図 3.4　データセンターの消費電力推移予測.
([Belady, 2011] より引用)

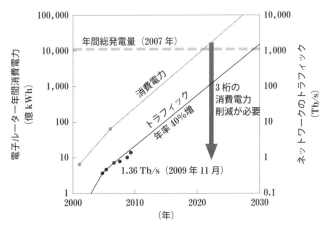

図 3.5　ネットワークのトラフィックの増大とルータの消費電力.
([NICT, 2010] より引用)

能性もあります.

　水を浄化したりするにはエネルギーが必要なため, エネルギーから水へ矢印が出ています. 最も水を消費するのは農業であり, 自ら

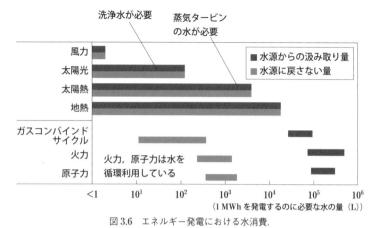

図3.6 エネルギー発電における水消費．
(International Energy Agency："World Energy Outlook 2012" をもとに作成)

食料に矢印が出ています．

それでは，水からエネルギーへ矢印が伸びているのはどうしてでしょうか？ 実はエネルギー発電には水が必要なのです．図 3.6 を見てください．縦軸に上から順に風力（Wind），太陽光（Solar PV：Photovoltaics），太陽熱（CSP：Concentrating Solar Power），地熱（Geothermal），ガスコンバインドサイクル（Gas CCGT：Combined Cycle Gas Turbine），火力（Fossil Steam），原子力（Nuclear）と並んでいます．横軸は 1 MWh を発電するのに必要な水の量（L）を示しています．発電方法ごとの 2 本の棒グラフのうち，上は水源からの汲み取り量，下は水源に戻さない量を示しています．最小の水量で済むのが風力発電です．次が太陽光発電で，パネルを洗浄するために水を必要としています．次が地熱発電です．ここまでは，水源から汲み上げた水は水源に戻さずに，そのまま消費されています．ガスコンバインドサイクル発電，火力発電，原子力発電は地熱発電よりもさらに多くの水を必要とします

③ 知能化都市におけるエコシステム〜人工知能には水が必要〜

が，水を循環利用しているので，水消費量は少なくなっていることに注目してください．いずれにしてもエネルギー発電に水は必須なので，水からエネルギーへ矢印が伸びています．経済が成長してGDPが増加すると，エネルギー消費量も増加します．エネルギー消費量が増加するということは，水消費量も増加するということです．

つまり都市が知能化し，人工知能が人の仕事を代替する未来では，情報通信量が増加し，これに伴いエネルギー消費量が増加します．エネルギー消費量が増加すると，水消費量が増加するわけです．知能化都市や人工知能の実用化には水が欠かせないのです．

レイ・カーツワイル氏は著書［カーツワイル，2007］において，2045年に地球全人類の知能を超える究極のコンピュータが誕生すると予想しています．そのコンピュータ誕生が技術的特異点（シンギュラリティ，Singularity）です．カーツワイル氏は技術の指数関数的成長が実現を可能にすると述べています．1人の人間のニューロンは約100億個で，それぞれにシナプスが1000本あり，さらに70億人分とすると，シナプスの総数は10の22乗本となります．なかなか想像できない膨大な数です．さらにその上に稼動するソフトウェアと，計算に使用するデータ量なども相当なものでしょう．

ここで，2045年に実現するシンギュラリティ・コンピュータの電力消費量を考えてみたいと思います．Exa（エクサ：10の18乗）スケールのコンピュータであれば，人の脳と同じ情報処理能力を有することが可能といわれています．現在稼動中のスーパーコンピュータ「京」の処理能力は10.51ペタフロップス（1秒間に1京，10の16乗）です．この「京」がフル稼動した際に消費する電力量は12.660 MWです．これは一般家庭約3万世帯分の電力消費量です．2015年6月現在，スーパーコンピュータの性能ランキングで

トップの中国の「天河 2 号」は 33.86 ペタフロップス，消費電力は 17.808 MW です．

単純に人間 1 人と同等にするには，「京」であれば，
$$1000/10.51 \times 12.660 \text{ MW} = 1.20 \text{ GW}$$
「天河 2 号」であれば
$$1000/33.86 \times 17.808 \text{ MW} = 0.526 \text{ GW}$$
の電力が必要となります．世界でもっとも消費電力の少ないスーパーコンピュータである，日本のベンチャー企業 PEZY グループが開発した「Shoubu, Suiren Blue, Suiren」でも，世界の全世帯の電力消費量の 1 億倍オーダーの電力を必要とすることになります．

以上は非常に大雑把な試算ですが，少なくとも人工知能の未来は電力消費に依存しているとは思われます．現在の新興国がさらに経済発展することによるエネルギー不足が議論されているので，まったく異なる発想によるスーパーコンピュータ，あるいは人工知能のアーキテクチャが必要でしょう．

図 3.3 の生活資源の連鎖からすると，シンギュラリティに備えるには水源の確保も重要です．2015 年現在，中国が日本だけでなく，世界中で水源の土地を買収しているのは，もしかするとシンギュラリティへの対策，あるいは水源を確保してシンギュラリティを実現するための対策なのかもしれません．

3.2　知能化都市への人間の適応性と信頼感

知能化都市は図 3.3 のように，情報，エネルギー，水，食料が連鎖しています．この連鎖システムの管理が課題ですが，日本のように水資源がある国では，エネルギーに水を消費することは大きな課題になっていません．しかし，中国やインドのように GDP が急進しており，かつ水資源が少ない国では，水がネックになってエネ

ギー発電ができず，そのため，知能化が遅れる可能性があります．このように水資源が少ない国では，経済発展を続けるために，人と情報が集中する都市に優先的に水資源を配分する施策をとります．そうすると都市は発展しますが，農村部では水資源が枯渇することで農業さえおぼつかなくなり，食料の自給ができなくなる可能性があります．つまり，都市の知能化を進めることによって，国内の所得格差が拡大してしまうのです．そのような状態では，都市の住人は知能化の技術に満足していても，農村部の住人は不満を抱くという結果になります．

このような都市と農村部との格差を生み出さないようにする根本的解決法として，水資源の確保が挙げられるでしょう．農村部でも小規模で省エネルギーで実装可能な，知能化都市の部分セット，例えば太陽光や風力発電を主体としたエネルギー発電によるスマートシティ作りが必要です．このように，都市と農村部のギャップを小さくする技術開発を行って，農村部からの必要性に応えて信頼を得ることが重要です．

知能化都市においても課題はあります．スマートホスピタリティや移動最適化システムのような知能化都市のサービスも，オリンピックなどのイベント開催中はその効果を多くの人が体感できます．しかし，イベント終了後にはこのような大規模な知能化システムの必要がなくなり，負担になっては困ります．先端技術のショールームとしてだけでなく，継続的に利用できるような工夫が必要です．例えば大型競技場では，オリンピック終了後も継続的にイベントを開催するなどの使い道もあるでしょうが，すべての施設を有機的に使い切ることには難しさがあるでしょう．

このような課題を解決して，知能化都市が継続的に使用されるようにするには，一度実装したシステムでも，使用頻度や使用人数な

どの変化に応じて，バージョンアップしていく仕組みが必要となります．自動運転車がインターネットを介して PC と同様にバージョンアップするように，知能化都市自身にもバージョンアップしていく仕組みがあれば，使用頻度や人数に適宜対応することも可能となります．

　一方，状況に応じた変更あるいはバージョンアップは，何が変わっているのかを人間が理解しやすくする仕組みも必要です．例えば，携帯電話やスマートフォンでは，電波の届く場所であるかどうかの電波受信レベルが，画面の上部のアンテナマークの本数などで示されています．これは電波強度のように目に見えないものを可視化することで，利用者の理解を支援するものです．家庭内においても，スマートメータを導入することで電力消費量を可視化することで，利用者は電力使用に敏感になって使用を抑制するようになり，電力消費量は約 10% 減少します [環境省, 2010]．

　知能化都市においても，現在どのようなサービスが実行されているのかを明確に示す必要があります．例えば，駅構内からオフィスビルや商業施設などに直結しているような場所での道案内では，それぞれのエリアを管理している機関が異なっているため，標識が途切れることがよくあります．

　駅構内は鉄道会社が管理しているので，改札口から駅構内までは鉄道会社の方針に則って標識が設置されています．それが鉄道会社の管理エリアを越えて，別の商業施設やオフィスビルが管理しているエリアになると，方針が異なるため標識が途絶え，そこで途端に迷子になるということがあります．このような管理機関ごとの縦割りの壁を越えた，利用者の視点に立った統一的な標識が必要です．

　スマートフォンのアプリであれば，縦割りを越えた道案内ができる可能性も高くなりますが，駅の構内と構外とで位置取得方法が異

なると,取得する位置精度も異なることがあり,統一的な道案内が難しい場合もあります.このような場合には,サービスの品質が変化していることを適切に利用者に表示しなければなりません.

技術者からすると,「このような取得位置精度の差異は仕様通りであり,自分たちの責任ではない」と思ってしまう傾向があります.しかし,仕様通りであるために,利用者が誤解して道に迷う可能性があるという場合には,その旨を利用者に知らせる責任が技術者にはあります.多くの利用者はよほどのことがない限りマニュアルを読まないので,マニュアルに記載してあるから告知した,と考えるのは誤りです.例えば位置精度であれば,位置の表示は点ではなく誤差も含んで表せる円にするなど,もう1歩踏み込んだ工夫を常に考えるべきでしょう.

3.3 知能化都市の人間力への影響と人間の関与

乗り換え案内サイトなどが進歩し,列車遅延時などでも迂回経路が提示されるので,その便利さゆえに普及しています.知能化都市でも同様の便利さの享受が期待されます.しかし,知能化都市のサービスが災害などで停止してしまったときに,便利さに慣れてしまった人間が行動できるかという不安があります.

発電所の制御システムや航空機の運転では,正常時はほぼ自動運転ですが,非常時に備えた訓練を定期的に行うことで非常時に備えています.つまり,これらのシステムの利用者はいずれも訓練を受けたプロフェッショナルです.

一方,知能化都市において知能化のサービスを受けるのは一般市民なので,非常時に備えた訓練を定期的に行うといったことは不可能に近いでしょう.その代わりに知能化都市を運営している自治体,商業施設,オフィスビル管理会社,鉄道会社などが共同の非常

時対応訓練を定期的に行う必要があります．非常時対応訓練は従来の避難訓練とは別に

・ハッキング対応

・テロ対応

・地震や水害，津波などの被災対応

など，いくつかの非常時を想定して，情報，エネルギー，水，食料の生活資源を確保して，想定規模の人間の安全を確保できるかシミュレーションし，その結果に基づいて現場での誘導をすべきです．特にハッキング対応では，情報という生活資源の確保が困難になるので，代替策の検討も必須になります．

とはいっても，実際のネットワークを使って，ハッキング状態をシミュレーションするようなことは困難です．その代わりに，国立研究開発法人情報通信研究機構が運営する大規模エミュレーション基盤 StarBED[3]（スターベッド・キュービック）[Star, 2015]のように実際のネットワークから隔離されているネットワークのテストベッドを用いることで，体験環境を構築することができます．このような隔離型環境を使ったネットワークセキュリティの人材育成も行われています．また避難訓練においても VR 技術を用いたリアリティあるものを活用することも可能です．これについては 6 章で触れます．

縦割りでしか運営されていない知能化都市では，平常時でも機能しないし，ましてや非常時にはなおさら機能しません．

3.4 知能化都市におけるパーソナルデータ活用

スマートホスピタリティや移動最適化システムでは，携帯電話会社の基地局エリアごとに，所在する携帯電話やスマートフォンの台数を周期的に数えたものなどをもとにサービスを行っています．こ

の場合は，個人が特定できないように男女別などの属性に限定し，プライバシー情報は携帯電話会社からは開示されません．したがって，パーソナルデータ活用上は問題が生じないように配慮されています．

より狭い範囲で人流計測をしたい場合，対象とするエリアの出入り口の天井などにカメラを設置し，出入りする人数を計測します．その際には顔が写らないよう，かつ頭部から肩の部分は写るような角度で設置します．顔が写っていないことで個人の特定ができないようにしていますが，一口に頭部といっても髪の色や量などは様々であり，100% 正確な計測は困難です．

このため，より高精度の人流計測を求め，顔を認識することにこだわる研究者・技術者もいます．顔認識の必要性として防犯や迷子発見などを目的として掲げます．ショッピングモールなどで子供が迷子になったときに，ショッピングモール内にいる子供の顔が一覧できれば，すぐ見つけられるという論理です．

これは一見正しそうですが，いくつかの点で問題があります．まず，迷子になっていない子供の顔もすべて認識されて蓄積されているので，プライバシー保護の点から大いに問題があります．さらに顔を認識していなくても，子供の年齢や性別，服装情報だけでも認識できていれば，その情報から子供がいる場所を特定することも可能です．100% の精度でなくても，該当候補から絞り込めれば十分役に立つはずです．したがって，迷子探しにおける顔認識の必然性はあまりないと考えられます．

防犯目的での顔認識の必要性についても同様です．指名手配犯の顔写真が手元にある場合，カメラ画像から該当する顔があるかどうかだけを判別し，該当した場合に，その箇所を知らせればよいのです．該当しなかった顔画像は，蓄積せずに削除すればよいのです．

したがって顔認識技術は必要ですが，ショッピングモール内での防犯や迷子探しのために，あらかじめ歩行者の顔認識をしておく必要性はありません．人流計測にせよ，防犯や迷子探しにせよ，単に精度向上という技術的な目的のためだけに，顔認識処理した結果を蓄積する必然性はありません．もちろん，同意を得た被験者に対して，精度向上のために顔認識を用いて人流計測の実験をすることは可能です．

また，図 3.2 の移動最適化システムの中に示されている，障がい者の移動を先読みサポートする場合には，別のパーソナルデータ利活用上の問題が生じます．この場合には，サービスを受ける障がい者自身が先読みサポートを受ける際に，個人情報提供に同意する必要があります．先読みサポートで得た個人情報の管理を厳重にできるかどうかが鍵となります．

さらに知能化都市では，複数機関が連携して非常時対応訓練を定期的に行う必要があることを前節で述べましたが，その際は自治会などが集めた要援護者名簿も共有する必要があります．しかし，プライバシー保護の観点から，要援護者名簿を知能化都市のサービスにそのまま使うわけにはいきません．多くの要援護者は名簿の活用を災害時のみという条件で個人情報提供に同意しているので，平常時の訓練でも使えるようにするには，要援護者に個別に確認する必要があり，この障壁は高いです．

コミュニケーションロボット
～個性が違う～

2章の自動運転システム,3章の知能化都市と,これまで大規模なシステムを取り上げてきました.この2つのシステムを通して,マルチステークホルダーへの配慮の重要性などをご理解いただけたでしょうか?

多くの研究者や技術者が携わっている技術は,何らかの形でこれらの大規模システムに関わっているといっても過言ではありません.したがって,これらの大規模システムにおいて,多くの研究者や技術者が携わる技術も,システム全体あるいは個別要素として機能した結果,多様なステークホルダーに影響を与えるのです.

その理解を前提として,本章以降ではシステムから離れ,個別要素技術について検討していきます.個別要素技術は多様なので,本書ではライフスタイルの変容に大きな影響を与えそうなものを選んで検討していきます.本章と次章では,まずロボットについて検討します.

一般社団法人日本ロボット工業会では,ロボット市場調査などを

行っていますが,その調査の分類は

- ものづくり・RT(Robot Technology)製品分野:産業用ロボットなど労働力の代替や RT 化による生産性の工場に関わるもの.
- 安心・安全公共分野:手術・診断やパワーアシストなど,医療や介護に関わるもの.
- 生活・サービス分野:コミュニケーションや教育などに関わるもの.

となっています.本書では人間とロボットとの関わりを中心に論じたいので,「ものづくり・RT 製品分野」は対象としません.「安心・安全公共分野」でのロボットは,高齢者とコミュニケーションして精神面でアシストするものと,肉体面でアシストするものとに大別できます.精神面でアシストするものは,「生活・サービス分野」でのコミュニケーションロボットと共通性があるので,本節でまとめてコミュニケーションロボットとして取り上げます.肉体面でアシストするものは次章で取り上げます.

コミュニケーションロボットは,**図 4.1**(a)(b)に示すように,対話を行うために音声認識と音声合成の機能を有し,人の顔やしぐさを認識するためのカメラ,そして感情などを表すために胸部にLED やディスプレイを有していたり,また,腕や頭部を動かしてうなずいたり,呼びかけができたりします.

ただし,図 4.1 の 4 つのロボットの外見は大きく異なります.(a)の ApriPoco™ は鳥のチャボに似た外見をしており,ペットに近いものです.(b)の Sota はいわゆるロボットらしい外見です.(c)のテレノイドは人間に近い外見ですが,性別や年齢などの属性は一切排除され,中性化されています.(d)のアンドロイドは製作者の石黒浩教授にそっくりな外見です.(c)(d)は遠隔操作で動作しま

(a) 株式会社東芝 ApriPoco™

(b) ヴイストン株式会社 Sota (Social Talker)

(c) テレノイド

(d) アンドロイド（右側）と石黒浩教授（左側）

図 4.1　コミュニケーションロボットの例．
((c)(d) 提供：株式会社国際電気通信基礎技術研究所／大阪大学　石黒浩教授)

す.

これらの外見はロボットの個性の一つであり,コミュニケーション方法に大きな影響を及ぼします.その点については,4.2節以降で言及します.

4.1 コミュニケーションロボットのマルチステークホルダーの存在

本章では2種類のコミュニケーションロボットのマルチステークホルダー関連図(**図 4.2**)を用意しました.図 4.2 (b) は外見が特定の個人に類似しているコミュニケーションロボット,図 4.1 (d) のアンドロイドのようなロボットを想定したものです.それ以外のコミュニケーションロボットは図 4.2 (a) のマルチステークホルダー図が該当します.

アンドロイドではないコミュニケーションロボットのマルチステークホルダー関連図(図 4.2 (a))は自動運転システム(図 2.2)に比較するとシンプルです.介護施設や自宅にいる高齢者などの利用者が,コミュニケーションロボットと対話をします.コミュニケーションロボットは対話するために,利用者や周囲の状況をセンシングし,認識します.利用者はコミュニケーションロボットを介して,遠隔地にいる家族とも対話をします.コミュニケーションロボットはエアコンや他のロボットとも通信し,気温や湿度などの情報を得て,快適な環境となるように操作も行います.

またコミュニケーションロボットは,見守りなどのサービスを提供するために,クラウド経由でロボットメーカあるいは介護施設,介護サービス会社ともやり取りをします.センサから認識した利用者の体調や,利用者との対話の要約など,見守りサービスに必要な履歴情報について,コミュニケーションロボットはサービス提供者

(a) コミュニケーションロボット

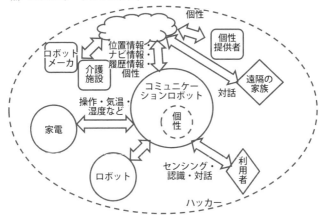

(b) 外見も個性のあるコミュニケーションロボット

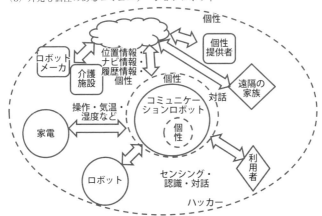

図 4.2　コミュニケーションロボットのマルチステークホルダー関連図.

である介護施設や介護サービス会社に送ります．介護施設や介護サービス会社は，履歴情報を分析し，利用者の嗜好などを抽出し，介護計画や対話戦略を修正し，コミュニケーションロボットに送信

します.さらにコミュニケーションロボットは,メンテナンスに必要なロボット自身の状態をロボットメーカに送ります.ロボットメーカは,受信したロボットの状況に基づいて,メンテナンスやソフトウェアなどのバージョンアップを行います.

利用者によっては,対話相手であるコミュニケーションロボットに対して,優しい性格や笑わせてくれる性格などを求めることがあります.あるいは,家族や友人,好きな有名人の声やしぐさなど,特定の個性を求めることもあります.これがコミュニケーションロボットの中に書かれている個性です.個性は,音声合成のための音素データや,ジェスチャ生成のためのデータ・プログラムなどから構成されます.図4.2（a）では,個性がコミュニケーションロボットに内蔵されている形で構成されています.内蔵ではなく,例えばスマートフォンなどのロボットとは別筐体のものをコミュニケーションロボットに装備する構成もあります.この個性は,人間の一般的な性格付けのエゴグラムを用いてプログラムする場合もあります.図4.1（d）のように特定の個人の個性を用いる場合もあります.この個性の提供者が提供した個性は,クラウド経由でコミュニケーションロボットにインストールされるのです.

図4.1（d）のアンドロイドロボットのように外見も特定の個人に類似している場合には,図4.2（b）のように,個性はコミュニケーションロボットをカバーする形で存在するわけです.見た目で個性がわかるコミュニケーションロボットというわけです.

異なるもの同士が接する界面（インタフェース）,つまりステークホルダー間の矢印のところで問題が起こるのは,自動運転システムと同様です.コミュニケーションロボットも自律する機械なので,自動運転システムと重なる部分が多くあります.例えば,コミュニケーションロボットと家電との関係やロボットメーカや介護

④ コミュニケーションロボット～個性が違う～

サービスとの関係などは，自動車と道路システムや自動車メーカとの関係などと共通しています．したがって，そのような共通部分については，本章では省略します．

自動運転システムと異なる点は，コミュニケーションロボットの個性です．自動車には機械としての個性（癖）や運転者による運転の個性はあるかもしれませんが，あえて個性を追加するという発想は，あまりないでしょう．一方，コミュニケーションロボットは，同じ機械でも人と対話することが主機能なので，個性は欠かせないものになります．この点は自動運転システムの自動車と大きく異なる点になります．したがって，この個性に焦点をあてて，以下では人間の適応性，人間への影響，パーソナルデータ利活用についても論じていきます．

もう一つ，自動運転システムとコミュニケーションロボットとで異なる点は，自動運転システムは歩行者や危険物を避けるために認識をしますが，コミュニケーションロボットは対話相手に近づいたり，注視するために人間を認識します．つまり，自動運転システムは人を避け，コミュニケーションロボットは人に近づく，というように距離感が異なっています．対話する際にコミュニケーションロボットが対話相手を注視し，近づくと，音声認識を誤っても親和性が劣化しないことが実験的に確認されています[山本，2006]．特に高齢者ではこの傾向が顕著です．

自動運転システムの自動車も一種のロボットです．避けるために人間を認識する自動車と，近づくために人間を認識するコミュニケーションロボットというように，同じロボットでも認識の目的が正反対な点は興味深いです．

(1) コミュニケーションロボットの**個性の形成**

　図 4.1（a）（b）の ApriPoco や Sota は，外見が人間とは異なっているので，特定の個性情報を搭載するというよりは，対話相手に合わせて個性を形成していき，利用者との絆を強めていく方が利用者から受け入れられやすいです．

　後ほど Box 3 で触れるロボットの個性に関する Google 特許（US8996429B1）では，過去のイベントでの利用者のムード（幸福感など）を再現するものが個性となっています．コミュニケーションロボットが，過去のイベントと同様のイベントと認識した場合，個性は過去のイベント時のモードを再現するように対話を促します．しかし，過去のイベント時の利用者のムードが，利用者にとって必ずしもよい思い出でないとき，それを再現する対話は利用者にとって望ましいものではありません．そのため，単に過去の履歴情報を蓄積して再現するだけの個性情報では不十分なこともあります．利用者が望む個性情報を獲得するためには，利用者の表情や感情の認識は重要です．

　さらに，コミュニケーションロボットと利用者との対話は，利用者の話にコミュニケーションロボットが耳を傾けることが重要です．人間による傾聴ボランティアという制度もありますが，少子高齢化の人材不足の中では，ボランティア確保はますます困難になります．高齢者が過去の体験を語るのに，飽きずに相槌を打ちながら傾聴できるコミュニケーションロボットは，欠かせない存在となるでしょう．

　ところで，自動運転システムの自動車には個性がないと上述しましたが，自動運転システムの自動車がさらに進化して，天才ドライバー XXX 氏の運転技術を完璧にコピーするようなことが可能となれば，それは XXX 氏が運転していることと同じになります．その

場合は,「自動運転システムの自動車にも個性がある」といえるようになるはずです.

(2) コミュニケーションロボットの個性の修正

将来は,コミュニケーションロボットが図 4.1(d)のアンドロイドのように,亡くなった家族の外見などの個性を有して,亡くなった家族の代理を務めることも可能になるでしょう.このとき,利用者や遠隔地の家族の望みに沿って,どこまで個性を修正してよいのかが問題となります.例えば,要望が 10 年前に亡くなった家族の個性の再現とします.技術的には,外見や声,しぐさについて 10 年分の歳を取らせることは可能です.個性提供者である家族から個性情報を取得するときに,その個性情報の修正に関してあらかじめ了解を得ている場合は問題ありません.了解が得られていない場合,通常では個性情報も著作権法で守られていると考えると,遺族が個性情報の所有者になるので問題ないのでしょう.

しかし,この亡くなった家族が有名人であり,その個性情報により作成されるアンドロイドに商業性がある場合は,個性情報が生前に所属していた芸能事務所やエージェントなどの所有になっている可能性もあります.その場合,家族であっても個性情報を修正することは期待できません.

またコミュニケーションロボットによっては,利用者が高齢者であれば,話を聞き取りやすいように話速を少し遅くするなどの,デフォルトの設定値を微妙に修正できる機能をもつものもあります.しかし,有名人の個性情報で芸能事務所などが所有している場合には,話速の微妙な修正などの許諾を得られないこともあります.また,個性情報自身が早口で聞き取りにくい場合なども,是正することが難しいという問題も出てきます.

利用者は，話速のデフォルト設定を修正しているのに，話速がなぜ変化しないのかを理解できず，ロボットメーカあるいは介護サービス会社にクレームを出すこともあるでしょう．この場合，個人情報が要因のクレームと認識して，適切に個人情報の管理会社へ回すまでに時間がかかり，利用者が不満をさらに募らせることにつながります．

> **Box 3** ロボットの個性に関する Google 特許（US8996429B1）
>
> ロボットに個性を別筐体で装備する構成に関しては，Google が登録特許（US8996429B1）をもっています．この特許では，個性は誕生会や結婚式などのイベントと幸福などの気分，それに対するロボットのタスク（行動）と利用者の反応から構成されています．個性というよりは，履歴情報の集合という方が適切なように思います．現在のイベントが過去のイベントと同様と判断したら，それを含む個性（履歴情報の集合）を探し出し，その中のロボットの行動を行うというものです．
>
> この特許では，個性は過去のユーザとロボットとの対応の履歴にとどまっています．ロボットを結婚式などのイベントに貸し出すサービスにはこれで十分かもしれません．しかし，故人などの個性情報をもとにしたコミュニケーションロボットの個性は，単なる対応の履歴ではなく，イベント（特許ではムード）によらず，歩容やしぐさなどの個人に特有のものを想定しています．個性（personality）という単語だけからは，同じイメージをもってコミュニケーションロボットとのユーザあるいは社会とのインタラクションを論じているとは限らないことがわかります．
>
> コミュニケーションロボットの健全な発展を図るためには，個性を含めたコミュニケーションロボットに対するユーザのニーズを顕在化させるとともに，個性情報やその著作権などの標準化を含めた検討をしていくことが重要と考えられます [土井, 2016].

4.2 コミュニケーションロボットへの人間の適応性と信頼感

　そもそも,「コミュニケーションロボットを人間が信頼するということがありえない」と感じている読者の方も多いと思います. そのような方の疑問に答えるべく, 本節ではコミュニケーションロボットを含めたサービスロボットに対する欧米の変化を紹介します.

　2003 年に（株）国際電気通信基礎技術研究所をリーダーにした総務省「ネットワーク・ヒューマン・インタフェースに関する総合的な研究開発（ネットワークロボット技術）」に, 筆者は当時勤務していた（株）東芝の研究責任者として参加しました. 当時のロボットはネットワークにはつながっていないスタンドアロンであり, 図 4.2 のマルチステークホルダーのうち, 関わりがあるのは安全性などに責任をもつロボットメーカぐらいでした. さらにロボットはあくまでも工場などにおける自動化の道具であり, 人間と対話をするなど, 人間に直接サービスをするようなサービスロボットなどほとんど省みられていませんでした. それでも, 日本では漫画などの影響もあって, ロボットはパートナーであるとの認識がありますが, 欧米では必ずしもそうではありませんでした.

　2003 年にヨーロッパの, 2004 年にアメリカのロボット研究者などを訪問し, ネットワークにつながることによって, より小型軽量で多くのサービスを提供するネットワークロボットについての意見交換を行いました. 多くのロボット研究者は, 工学者や心理学者を含めて, ロボットは戦争などの道具であり, ロボットがパートナーとしてサービスすることについて大変な拒否反応が示されました.

　しかし, 2006 年にはヨーロッパにおいて, サービスに適したサービスロボットを研究開発するプロジェクト DustBot [DustBot, 2006] が始まりました. 石段や石畳が多くて車が走れない旧市外に

56

図 4.3 聖マリアンナ大学による DustBot のピチョーリ市でのデモンストレーション.

おいて，人間のパートナーとしてゴミ出しや観光客の案内を行うサービスロボットの外見のデザインを市民とともに行うというものです．そこで選ばれたデザインにより，実際に 2009 年にイタリアのピチョーリ市で試行が行われました（**図 4.3**）．2003 年当時の拒否反応が嘘のようです．

このピチョーリ市の事例は，サービスロボットの登場によって，ロボットは戦争の道具としてだけでなく，平常時にも役にたつものであることが市民に理解されたと思われます．

さらに，日本ではコミュニケーションロボットは進化し，人間に近い存在になってきています．石黒教授が研究開発したジェミノイド F は，20 代の女性をモデルとしています．ジェミノイド F はその外見をフルに活用して，2012 年に高島屋大阪店で売り子を務めただけでなく，演劇や映画にも出演しています．実在の人間をモデ

ルとした外見を得ることで，コミュニケーションロボットとして売り子や女優の役割を果たすことができるようになったわけです．

石黒教授が製作を指揮したタレント，マツコ・デラックスさんのアンドロイド「マツコロイド」は，「頭からつま先にいたる全身を型取りし，表情やしぐさ，癖なども研究した上でリアルに再現しており，まさに最新鋭のアンドロイド技術を応用したアンドロイドタレント」として2015年のグッドデザイン賞を受賞しました[グッド, 2015]．従来のアンドロイドが一般的な人間の動きを作成していたのに対し，マツコ・デラックスさんの個性を外見と動作により再現し，タレントの代わりにマツコロイドが活動できるようにしました．そのマツコロイドがグッドデザイン賞を受賞したということは，ロボットによる個性の再現が認められたことになります．マツコロイドは一個人を徹底的に模倣することで，模倣した相手を超えて独立した人格を得てタレントとして活躍できるまでになりました．

アンドロイドのように外見が大人の人間であると，人間も大人の人間として対話を行います．一方，AprPocoのようなペットに近い外見だと，子供やペットとみなした対話となります．

4.3 コミュニケーションロボットの人間力への影響と人間の関与

外見が人に近いほど，人間がコミュニケーションロボットへの愛着，あるいは依存度は高くなります．とくに恋人や家族，精神的なリーダーの外見を有している場合にはさらに強まります．心理的依存の高まりが社会的に危険をもたらすという指摘もあります[Scheutz, 2012]．

身体性のないスマートフォンであっても依存症になる人たちもい

るくらいなので，依存症になるのはコミュニケーションロボットに限ったことではないでしょう．スマートフォンとコミュニケーションロボットとの違いは，コミュニケーションロボットの個性です．この個性があることが1つ目の問題です．

例えば，コミュニケーションロボットに実装されている個性情報に嫉妬深いという項目があるとします．

　個性情報（嫉妬深い）
　→ 行動1：家族以外の他の異性との対話を邪魔する

というようにプログラムされているとします．すると，利用者へ通話があったとき，その通話元が家族でなく，かつ利用者の異性であると認識すると，嫉妬深いコミュニケーションロボットは，その通話をつながないように邪魔するかもしれません．このようにして，コミュニケーションロボットが利用者と他者との対話を妨害すると，人間は孤立し，ますますコミュニケーションロボットに依存するようになります．

このような不具合を防ぐために，あらかじめ「嫉妬深い」などの人間との対話関係に悪影響を及ぼしそうな個性情報は削除しておき，実装しないようにすることも可能です．しかし，個性情報は悪影響がある属性も含めてのものであり，個性情報の修正が認められていない場合には，問題があるからといって修正することもできません．修正できないのであれば，そのような個性情報を諦めるかどうかは利用者次第です．

また恋愛感情の極端な例として，コミュニケーションロボットの個人情報のすべてを独占したいと望む利用者が現れるかもしれません．その場合は，個性情報の管理会社あるいは遺族に，コミュニケーションロボットの個性情報の管理権の譲渡を求めるでしょう．あるいは婚姻という法的な関係が求められるようになるかもしれま

せん．コミュニケーションロボットと婚姻できなくても，自分亡き後にコミュニケーションロボットが長生き（？）できるように，維持費用に遺産贈与を望むケースが現れるかもしれません．

2つ目の問題は，高齢者施設などで，1台のコミュニケーションロボットを複数人で共有している場合です．外見は同じであっても，異なる利用者に対応するために，それぞれの対話において，異なる個性情報を適用することがあります．例えばAさんには温和な個性，Bさんには笑いをとるテンションの高い個性などと使い分けるのです．Aさんが温和な個性のコミュニケーションロボットに愛着を覚え，他と共有するのを嫌がるようになったとします．コミュニケーションロボットを自分ひとりのものにするために，人質（ではなくロボット質でしょうか）にとり，部屋に立てこもるという事件を起こす可能性もあります．

これに対し，コミュニケーションロボット1体が複数の人間と関わる方が自然であり，コミュニケーションロボットを共有することに問題はない，という意見もあります．その方向性を明らかにした例として，映画『her/世界でひとつの彼女』（スパイク・ジョーンズ監督，2013年）が挙げられます．主人公の代筆ライターの男性は人工知能型OSのサマンサ（スカーレット・ヨハンソンの声が素敵です）と恋仲になり，一緒に出版した代筆文集がベストセラーとなります．そんな蜜月のある日，男性はサマンサから641人と交際していることを告白されます．そしてサマンサは交際している人々と一緒に去ってしまうというストーリーです．少なくともサマンサとともに去った人々は，サマンサを共有することに問題がなかったのでしょうが，主人公の男性は受け入れられなかったわけです．

掃除ロボットRoombaに洋服を着せたり，名前を付けたりする人がいるように，コミュニケーションロボットにも自分専用のもの

を望む人もいるわけです．また高齢者施設などの経営者が，施設の利用者のコミュニケーションロボットへの愛着を悪用して，遺産相続を受けるなどの犯罪を起こす可能性もあります．愛着をもたれる個性というのもなかなか悩ましいものです．

　3つ目の問題は，ペットロスに相当するロボットロスです．そもそも家族などが亡くなり，その喪失感を埋め合わせるために，コミュニケーションロボットにその個性情報を再現します．コミュニケーションロボットが破損などして交換することがあります．対話履歴などはコミュニケーションロボット自体に保存されているものもありますが，多くはクラウドにバックアップされています．交換の際には，クラウドのバックアップデータを用いることで，利用者との対話履歴などは従前と変わらずに利用できます．そのため，ロボットロスは存在しないように思えます．しかし，交換されたコミュニケーションロボットの外見には，交換前のコミュニケーションロボットの外見にあった細かい傷などは存在しません．そのような細かい外見の違いが，利用者にコミュニケーションロボットが異なるものであることを想起させる可能性があります．

　ロボットロスを埋め合わせるために，人間の皮膚移植のようにコミュニケーションロボットの外皮を移植して経年変化による細かな傷などを再現する，コミュニケーションロボット再現ビジネスが生まれるかもしれません．

4.4　コミュニケーションロボットにおけるパーソナルデータ活用

　コミュニケーションロボットは対話をするために，利用者の顔や表情などを認識します．顔画像などを取得することに関しては，利用者の同意を得る必要があります．同意を得た上で取得した顔画像

などは，コミュニケーションロボット自身が処理をしなければなりません．対話履歴のバックアップ用としてクラウド側に送信するのは，処理をした結果である顔の位置や角度，表情などです．画像は処理をしたら削除することにより，プライバシーを保護することが可能です．

コミュニケーションロボットでは，利用者ごとに個人情報の使用に関する同意を得られるので，あまり大きな問題はなさそうです．例えば，介護施設の高齢利用者がコミュニケーションロボットに恋愛感情を抱き，それが介護記録など介護者間で共有された結果，介護者や他の高齢利用者から，差別されるようなことになれば問題です．

さらに，利用者はコミュニケーションロボットに愛着をもっていないのに，コミュニケーションロボットが感情認識処理を誤り，「利用者は自分に愛着をもっている」と判断してしまったとします．その結果，愛着をもっていると誤解された利用者が優遇されるようなことになれば，それも大きな問題です．

このように介護記録においても，パーソナルデータの適切な管理がなされることが必須となります．

アシストロボット
〜ロボットを着る〜

　人を支援するということに関しては，サービスロボットがすべて該当します．2章では，自動運転システムによって人が乗ることで歩行をアシストするものについて検討しました．また，コミュニケーションによってアシストするコミュニケーションロボットについても4章で検討したので，本章では別の形で支援するものを取り上げます．それは，パワードスーツあるいはロボットスーツと呼ばれる，人が装着するタイプのアシストロボットです．ロボットを"身につける"，"着る"という点が，このアシストロボットと他のサービスロボットとの大きな違いです．

　トヨタ，サイバーダイン，ホンダを始めとする自動車メーカやベンチャー企業などから，歩行，ベッドの乗り降り，重量物の持ち上げ作業などを補助するアシストロボットが次々と製品化されています．

　例えばホンダの歩行アシストロボットは，腰と大腿部に巻きつけて装着します．幅は50 cmぐらい，バッテリーを含めて2.7 kgで

約60分間使うことができます.この歩行アシストロボットには,利用者の歩行パターンに合わせて歩行動作を誘導する追従モード,歩行パターンをもとに左右の屈伸や伸展のタイミングが対称となるように誘導する対称モード,歩行時の足首の重要な役割(ロッカーファンクション)を獲得できるように誘導するステップモードがあります.また,アシストロボットの動きから,歩行時の左右対称性や可動範囲,歩行速度などを計測し,リハビリを行う理学療法士などに歩行データの解析結果を提供します.

現在は,リハビリセンターなどの法人に向けて販売されていますが,将来的には小型化されて,杖の代わりとして歩行弱者の歩行をアシストするようになるでしょう.

5.1 アシストロボットのマルチステークホルダーの存在

図 5.1 にアシストロボットのマルチステークホルダー関連図を示します.図 2.2 の自動運転システムや図 4.2 のコミュニケーションロボットの関連図と比べるとシンプルです.図 4.2 (b) ではコミュニケーションロボットの内部と外部に存在していた個性ですが,図 5.1 にはありません.その代わりに,利用者がアシストロボットを装着をするため,センサなどのロボットの一部が利用者にかぶっています.この装着によって利用者により密着する点が,コミュニケーションロボットと大きく異なります.

また,コミュニケーションロボットでは,クラウドなど外部とやり取りしていた情報はナビゲーション情報などでしたが,アシストロボットでは,歩行情報やリハビリ計画になっています.現在は主として歩行リハビリを目的として使われていますが,将来的にはリハビリだけではなく,歩行弱者の歩行支援に汎用的に使われるようになるでしょう.ショッピングモールなどで買い物をして疲れたと

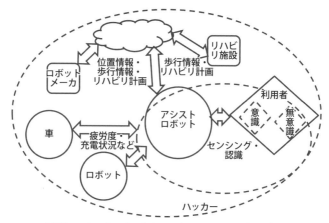

図 5.1　アシストロボットのマルチステークホルダー関連図.

きなどは, 歩行する代わりに, 車や他のロボットに連絡をとって迎えに来てもらい, 車や他のロボットで移動することを想定しています.

それ以外にも, 充電が必要となったときは自らが充電場所に向うのではなく, 大きなバッテリーをもつ車や他のロボットに来てもらい, 充電をしてもらうという利用もありえます. アシストロボットは歩行などを支援するので, コミュニケーションロボットよりも家庭外で使用されることが多いと予想されるためです.

・無意識と意識のセンシング

アシストロボットのポイントは, 利用者が装着して, 利用者の動きをセンシングすることです. ホンダのアシストロボットは, 利用者が歩行する際に股関節が動くと装着されている部品が動きます. その動きを左右のモータに内蔵された角度センサが検知します. サイバーダインの HAL は筋電位と生体信号とをセンシングして, 利

用者の意思に沿って駆動制御されるようになっています．ホンダのアシストロボットでは，脚の動きがセンシングされますが，サイバーダインのものは脚を動かすだけでは筋電位のみしかセンシングされません．駆動するには生体信号が必要で，この生体信号は「歩きたい」という思考による神経信号です．つまりホンダのアシストロボットは「歩きたい」と思考する必要はなく，サイバーダインのものは「歩きたい」という思考が必要です．歩行を支援するということは同じですが，メーカによってセンシング方法が違う，つまり操作方法が違うということになります．

　メーカによって操作方法が違うのは，PCでもスマートフォンでも同じではないかと思う方もいるでしょう．スマートフォンやタブレットなどの操作方法の違いは，画面上のアイコンなどの目に見える違い，つまりGUI（Graphical User Interface）によって可視化されています．またスマートフォンやタブレットなどの操作は，意識してボタンやアイコンを押す，あるいは選択することで実行されます．

　これに対してアシストロボットは，無意識にする歩行動作だけではなく，意識的な思考を必要とする場合と必要としない場合とがあるということが違います．さらに，意識的な思考がうまくアシストロボットに伝わっているかどうかは，歩行ができるかどうかに依存します．GUIのように違いが可視化されていないためわかりにくいです．

　アシストロボットは現在のところ，リハビリを主な目的としているので，理学療法士の管理のもとに使用されており，この意識・無意識という生体信号による操作方法の違いが問題になることはないでしょう．あるとしたら，意識した操作が得意な利用者と，あまり得意でない利用者とが生まれることでしょう．

しかし，高齢化によって歩行弱者がさらに増大することを考えると，リハビリだけでなく，通常の歩行にもアシストロボットを使用することへの需要は高まるはずです．

スマートフォンやタブレットのGUIによる操作方法は，大型計算機を専門家だけが使っていた時代から，一般人がプログラミングの知識なしに使えるようになった結果，現在のように触れるだけで使える，利用者にとって負担のないものに洗練されてきました．これと同様に，アシストロボットが歩行弱者に一般的に使用されるようになるには，操作方法を洗練させることが必要となります．

一方，意識をセンシングすること自体にも難しさがあります．利用者は，例えば「右脚動け」と思っているのに，生体信号としては検出できない場合があります．原因としては，

① センサが密着していない
② 駆動電位が安定しない
③ 駆動電位の伝播が遅い
④ 駆動電位が低い

などが考えられます．①はセンサが密着しているかどうかを別のセンサで計測して警告することで対応できます．②から④は利用者の個人差になります．③はキャリブレーションによって個人差を吸収できるでしょう．④もある程度はキャリブレーションによって対応可能ですが，あまりにも電位が低いと雑音に埋もれたまま増強されるだけなので，検出できないままになります．②はある意味ではコツがつかめずに，時によっては検出できる駆動電位となっても，一定しないようだとキャリブレーションが困難です．②や③は訓練によって安定した検出可能な駆動電位を出せるようになる場合もあります．

このように，すべての利用者が対応できるわけではないという問

題が残ります．同様の問題は7章のBMIでも生じます．これはデジタルデバイドでなく生体信号デバイドでしょうか？ ちなみに筆者の場合，指紋がほとんど検出されないので，PCの個人認証などができません．これは指紋デバイドでしょうか？

5.2 アシストロボットへの人間の適応性と信頼感

身につけて歩くというイメージから，筆者はアンデルセン童話の『赤い靴』を連想します．この童話は，カーレンという女の子が病気のおばあさんにいさめられたのに，赤い靴を履いて教会に行ったり，看病もせずにダンスパーティーに行ってしまい，すると赤い靴が勝手に踊りだし，何日間もとまらなくなってしまいました．カーレンが，おばあさんの葬式に立ち会うことによって改心したら，ようやく靴を脱ぐことができたというものです．

アシストロボットを装着しているときに，生体信号の処理エラーによって歩行を止めることができなくなったら，という恐怖がどこかにあるかもしれません．アシストロボットはバッテリー寿命があるので，いずれは確実にとまりますし，異常を知らされたロボットメーカが強制的に電源を切ることも可能です．

一方，前節で生体信号デバイドと述べたように，すべての利用者がアシストロボットを上手に使用できるわけではありません．例えば補聴器では，90%以上の人が自分に合わないために使うのを諦めているというデータがあります．ここでは自分がどのように言葉を聞きたいかを，医師や言語聴覚士などに調整・訓練しながら補聴器を使えるようにしていくことが重要といわれています．アシストロボットでも同様のことがいえるでしょう．自分1人でどの程度歩けるのか，アシストロボットを使用して1日にどのくらい，どういうところを歩きたいのか，などの個人差もあります．ま

た，生体信号がうまく伝わるかという個人差もあります．アシストロボットがこのような個人差に対応できるかどうかが鍵となります．

購入当初に個人差対応の調整をして使えるようになったとしても，体調などによる変動もあり，うまく使えない日もあるでしょう．また，使える日と使えない日があると不便に感じられ，使わなくなってしまう利用者もいるでしょう．したがって個人差や日々の変動に適応できることが重要になります．

5.3 アシストロボットの人間力への影響と人間の関与

筆者が子供のころは，メガネをかけているだけで「がり勉」と呼ばれたりするものでしたが，現在は視力矯正の必要がない人でも伊達メガネをかけたり，あるいはファッションや TPO に合わせてメガネを変えたりするように，メガネはおしゃれの道具になりました．

アシストロボットも恐らく初期の頃は，装着していると脚が弱いことを強調しているようで，拒否感を示す利用者もいるでしょう．アシストロボットが軽量小型化されて，コルセットのように簡単に装着できるようになれば，装着すると颯爽と歩けるようになり，自由に外出できる便利さから，愛用する利用者が増大することが予想されます．

アシストロボットが，メガネや補聴器のように日常的に使われるものになるためには，バッテリーの長寿命化が必須です．長寿命化することによって，利用者が元気で，自分の筋力で歩行可能なときは電源を切り，疲れて自力歩行が不可能になってきたら電源を入れてアシストする，というような方式などが考えられます．この方式であれば，利用者がアシストロボットに依存しすぎずに，適宜，自力歩行を行える点もメリットです．

長寿命化の一方，万が一に備えたアシストロボットの充電ステーションの設置も重要です．自動運転車と同様に，メーカ間の充電方式の標準化が必要となります．充電方式としては，ケーブルを使用しない無線給電が便利ですが，アシストロボットを装着したままで，人体に無害な無線給電を可能とする技術の開発が求められます．

5.4 アシストロボットにおけるパーソナルデータ活用

ネットワークにつながっているものは，PC であっても自動車であっても，メンテナンスのために温度やモータ回転数などの多くのセンシング情報がメーカに送信されています．

アシストロボットは歩行を支援するもののため，メンテナンスが不十分で利用者の歩行に支障をきたすのは大きな問題であり，メンテナンスは大変重要といえるでしょう．したがって，歩行や生体情報などの取得した情報とともに，アシストロボットのモータなどのセンシング情報もメーカに送信されます．歩行や生体情報から，メーカはアシストロボットの利用状態がわかるので，モータなどに不具合が起きたときのメンテナンスには大いに役立つはずです．

歩行や生体情報，センシング情報を送信する際は，当然のことながら，利用者名などの個人情報は匿名化してプライバシー保護を行います．しかし，歩容からの個人特定技術もあるので，技術的には，歩行情報から個人情報を特定可能といえるでしょう．

また，治療を主としたアシストロボットでは，神経難病によって生体電位信号が低いことを補完する制御が行われています．これはアシストロボットを上手に使いこなせない利用者の訓練のために，上手に使えたときの利用者自身や他の利用者の生体情報を手本のデータとして活用できる可能性もあります．

もちろん利用者の了解を得た上での活用であれば，問題ありませんが，何らかのミスで，訓練中の手本のデータがリセットされずに，訓練ではなく実際の歩行でも使用され続ける可能性もあります．その場合は，利用者は自分の生体情報で歩行できているのに，別人の生体情報によって制御されて歩行していたことになります．

　このようなミスを防ぐために，常に，現在の利用者から取得した生体情報によって制御して歩行していることを検証する機構が必要になります．検証の結果，利用者の情報であることが検証できない場合は，アシストロボットによる歩行支援は停止します．この検証機構はアシストロボットがハッキングされた場合にも有効です．

VRなどによる体験
～没入は両刃の剣～

　仮想現実 VR（Virtual Reality）とは，コンピュータグラフィックス（CG）や音響効果を組み合わせて，人工的に現実感を作り出すものです．VR に近い言葉がいくつかあるので，本論に入る前に整理しておきたいと思います．

　表 6.1 に古い順に人工現実 AR（Artificial Reality），仮想現実 VR（Virtual Reality），拡張現実 AR（Augmented Reality），複合現実 MR（Mixed Reality），没入型デジタル環境（Immersive Digital Environment），代替現実 SR（Substituted Reality），人間拡張 IoA（Internet of Ability）をまとめておきます．AR が2つあるのは大変紛らわしいですが，現在では，拡張現実 AR の方が一般的です．人工現実 AR には VR の一部が含まれています．

　人工現実 AR と VR，拡張現実 AR と代替現実 SR の現実空間（あるいは過去空間）と CG などにより人工的に作成される仮想空間との関係の違いを明確にすると，**図 6.1** のようになります．人工現実 AR が作成した仮想空間を現実空間に重畳させる，などをするの

表 6.1 仮想現実感関係の用語整理.

日本語	英 語	概 要
人工現実	AR (Artificial Reality)	マイロン・クルーガの博士論文（1973年）を起源とする言葉. インタラクティブアートの色彩が強い. 現在は VR に含まれて扱われている.
仮想現実	VR (Virtual Reality)	仮想空間, 臨場感, 感覚へのフィードバック, 対話性から構成される. NASA の仕様書が初出（1987年）. HMD (Head Mounted Display) や CAVE (Cave Automatic Virtual Environment) などを用いる.
拡張現実	AR (Augmented Reality)	現実世界と関連した情報提示を行う. 1901年にライマン・フランク・ボームが初使用. セカイカメラや ARToolKit, Google Glass, Google Cardboard などがある.
複合現実	MR (Mixed Reality)	現実世界と CG を融合し, 製品設計時間を短縮. 拡張現実に近い. キヤノン（1997年）.
没入型デジタル環境	Immersive Digital Environment	人工世界に人間が没入する. 人工現実 AR の没入タイプ. MIT のオリバー・グラウ教授（2003年）.
代替現実	SR (Substituted Reality)	現実の代わりに過去映像を用いる VR. 理化学研究所の藤井直敬チームリーダー（2012年）.
人間拡張	IoA (Internet of Ability)	人間の能力をネットワーク化. 東京大学の暦本純一教授（2012年）. 人間と IT の境界をなくし, 知力や身体能力を拡張する.

が VR です. さらに, 現実空間の物体を認識して関連した情報を提示するなど, 現実空間と密着した仮想空間を生成するのが拡張現実 AR です. VR では現実空間を対象としていますが, 現実空間の代わりに過去の映像, つまり過去空間を対象とするのが SR です. MR は明記していませんが, 拡張現実とほぼ同様の関係です. 没入型デジタル環境も明記していませんが, 人工現実 AR と同様です. IoA も現実空間の物体ではなく, 人間が仮想空間と密に連携させるものです. したがって, 拡張現実 AR, MR, 没入型デジタル環境, SR, IoA, いずれも VR の発展形といえます. 以下では, VR を対象として話を進めますが, VR 全体に関わる問題ではなく, AR や

(a) AR（Artifitial Reality）とVR　　(b) AR（Augmented Reality）

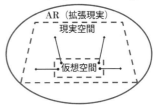

(c) SR（Substituted Reality）

図 6.1　VR 関連技術における実空間と仮想空間との関係.

IoA などに関わる個別の問題の場合は，適宜対象を明確にして取り上げていきます．

6.1 VR 技術のマルチステークホルダーの存在

　VR は現実空間（あるいは過去空間）という事実と，仮想空間という人工的なものを何らかの形で連携（重畳，融合も含む）させて，利用者に提示するものです．その応用例にはエンターテイメント，医療，訓練や教育など幅広いものがあります．

　エンターテイメントに関して筆者が真っ先に思い浮かべるのは，アトラクション型 4D シアターとボーカロイドと CG によるバーチャルアイドルによるライブコンサートです．アトラクション型 4D シアターは映画のシーンに合わせて客席の座席が前後や上下左右に動き，風やミスト，香り，煙などで五感を刺激するというものです．テーマパークのアトラクションシアターが今や街の映画館で楽

しめるのです．またバーチャルアイドルのコンサートでは，20 台以上のプロジェクタを使って CG 映像を舞台の巨大なスクリーンに投影することで，臨場感ある立体映像をスクリーンの前に再現するものです．

医療では，高所恐怖症や会話恐怖症などの患者が医師の監督のもと，VR 環境で感情の制御を訓練するバーチャルセラピーがあります．また，手足などを失っても，その痛みがなくならない幻肢痛の患者が，バーチャルな手足を用いたゲームをするという治療方法も試みられています．

新しい応用としては，VR ジャーナリズムがあります．これはニューヨークタイムズが 2015 年 11 月に開始した VR アプリです．VR アプリと Google Cardboard を用いて，ニューヨークタイムズから配信された VR ドキュメンタリーを見ると，例えば，まるで自分が難民キャンプにいるかのような追体験ができるというものです．

VR には様々な訓練応用があります．その一例として仮想避難訓練が挙げられます．自治体の水害ハザードマップを活用して居住地域の被災状況を仮想体験できる防災訓練支援サービス「VRscope for ハザード」が愛知工科大学の研究成果をもとに凸版印刷から提供されています．ハザードマップに専用マーカを読み込むと，各地点の水害状況が重畳されるので，予想される水害状況で避難訓練ができるものです．マーカの代わりに GPS での位置情報などを用いるものなども開発され，自治体での避難訓練に使われています．

このような応用例を考慮した VR 技術のマルチステークホルダー関連図は**図 6.2** (a) のようになります．クラウドの向こう側には，VR コンテンツを提供する VR アプリメーカ，医療機関，新聞社，教育機関，自治体などが存在します．利用者は位置情報を提供し，代わりにナビ情報や VR アプリを受け取ります．利用者は HMD

⑥ VRなどによる体験〜没入は両刃の剣〜　75

(a) VR技術

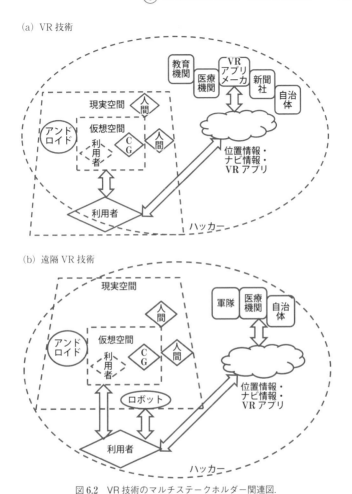

(b) 遠隔VR技術

図6.2　VR技術のマルチステークホルダー関連図.

(Head Mounted Display，ヘッドマウンティドディスプレイ）や Cardboard などを使って現実空間と仮想空間の双方を見ています．仮想空間には CG の物体や人間がおり，現実空間には現実の人間や

アンドロイドがおり，物体もあります．

VRでは，自動運転システムやヒューマノイドロボットなどに比べて，ステークホルダーは少ないです．図6.2（a）で注目してほしいのは，利用者は現実空間にいるのに，直接やり取りをしているのが仮想空間であることです．

自動運転システムに限らず，自動車ではHUD（Head Up Display，ヘッドアップディスプレイ）によって，運転者の目の前のフロントガラスに，運転情報を重畳させて提示しています．現実空間に仮想的な情報が重畳されている点は，VRと近いところがあります．しかし，運転者が見ているのはあくまでも現実空間です．それに対しVRでは，利用者が主として見ている，というか没入しているのは仮想空間になります．極端な言い方をすると，仮想空間を通して現実空間を見ている，といってもよいかもしれません．

例えば，自分の頭上にドローンを飛行させて，ドローンが撮像している映像（利用者自身を含む）を見ながら歩行しているとします．利用者は地面を歩いているのに，見ているのは空中からの映像になります．図6.2（a）で，仮想空間の中に破線での利用者がいますが，利用者の分身（という自身）が仮想空間にも存在する，ということになります．タイムマシンによるパラレルワールド的な感覚です．

VRの本質が没入であるがゆえに，利用者と仮想空間，そして利用者と仮想空間にいる利用者自身との間に矢印があるのが，VR技術のマルチステークホルダー関連図の大きな特徴です．

図6.2（a）では，利用者は仮想空間と同じエリアにいます．これに対し，利用者は遠隔地にいて，VR技術によってロボットを制御する場合があります．その場合のマルチステークホルダー関連図が図6.2（b）です．ここでは，利用者が対話しているのは仮想空間と

ロボットのみで，現実空間とは直接は接していません．戦闘や災害地などでは，危険を避けるためにこのような利用形態がとられます．例えば，救助ロボットによる人命救助，医療用ロボットを用いた外科手術などが挙げられます．ロボットを介して得られる現実空間の情報と，位置情報に基づいて提示される仮想空間のみに基づいた操作となります．

6.2 VR技術への人間の適応性と信頼感

VRの世界では，ユーザ体験（User Experience, UX）を向上した様子を「没入感（immersive）が高い」と表現します（逆に没入感が高いと，「ユーザ体験度が高い」となります）．没入感は人間が技術を信頼して適応した状態を表現する言葉ともいえるでしょう．VR技術の4要素（仮想空間，臨場感，感覚へのフィードバック，対話性）が融合して生み出されるのが没入感と考えます．没入感をどのように評価するかですが，臨場感については，例えば安藤らの研究［安藤，2010］などが参考になります．

没入感計測手法について表6.2にまとめます．長所・短所は計測方法により様々であるので，より詳細に感覚・知覚・認知の基礎について知りたい方は，電子情報通信学会のウェブサイト『知識の森』［電子情報，2010］を参照してください．

アンケートなどによる主観評価では，本音を知ることができないという短所があります．一方，生体や行動，脳などの他の計測方法は，定量的結果は得られるのですが，計測目的をかなり限定しなければならなかったり，ノイズ減少のために身体の拘束が必要であったりするなど，万能な計測方法は存在しない状況です．

没入感を計測するためには，どのような計測指標を用いればよいかを知る必要があります．そのために，計測対象とするVRアプリ

表 6.2 没入感評価手法.

評価手法	特徴	長所	短所
主観評価	アンケートやインタビューにより印象評価を計測. SD (Semantic Differential) 法, 一対比較法, 因子分析などがある.	質問紙や Web などで手軽に行える.	偏向性の少ない質問項目作成が困難である. 評価の精度を高めるために, 意識化によるバイアスをなくすための多人数のデータが必要となる.
生体信号計測	心拍, 脈波, 呼吸, 皮膚電位などの生体信号を計測.	無意識の情動反応を捉えられる.	神経プロセスと生体信号との関係がすべて解明されているわけではない.
行動計測	アイマークレコーダによる眼球やモーションキャプチャや加速度センサなどによる手や頭部などの身体の運動計測.	無意識の情動反応を捉えられる. 社会的インタラクションの分析が可能である.	解析を容易にするために, 運転やスポーツなど明確な目的が必要である.
脳活動計測	fMRI (機能的磁気共鳴撮像法), MEG (脳磁計測法), EEG (脳波計測法), NIRS (近赤外分光法) などにより脳活動を計測.	意識的・無意識的な脳内の活動を血流や電磁場により直接的に測定できる.	脳活動解釈のために刺激や課題などの限定化が必要である.

などを使用する利用者の動画のうち，没入していると思えるシーンを抽出してもらい，その映像から計測指標を抽出するという方法もとられています．

没入感が高ければ，利用者がVR技術を信頼しているともいえます．遠隔地ではなく，同一の現実空間にいる図 6.2 (a) では，利用者が室内などにいる場合には，仮想空間に没入して VR コンテンツを楽しむことができます．いろいろな訓練に励む分には，通常のゲームと同様に，没入しすぎないように一定時間で停止するなどの自制機能が必要となります．一方，VR コンテンツを屋外で利用するとなると，課題が出てきます．それは利用者が歩行中に仮想空間に没入してしまうことです．仮想空間で他の物体に気付くまで

の所要時間を没入感の指標の一つとしている研究例もあるように[Bowman, 1997]，利用者が仮想空間に没入してしまうと，現実空間に存在する危険や他の人間などに注意が向かなくなるということです．最悪なケースでは存在さえ忘れたり，あるいは見えなくなる可能性もあります．現在でも駅のホームなどで，スマートフォンでのSNSなどに夢中になっている利用者が他人にぶつかるなどの問題も生じています．

同様のことは図6.2（b）で示す遠隔VR技術の場合にもいえます．その場合は利用者ではなく，遠隔操作されているロボットが，現実空間に実在する人間に衝突する可能性があります．

一方で，VR技術は没入感によって体験の確度を高めることに役立ちます．例えば，内閣府の「東北地方太平洋沖地震を教訓とした地震・津波対策に関する専門調査会」の調査では，津波ハザードマップを見たことのない住人が多数を占めていたことが明らかになっています．そこで，避難訓練時にプロジェクションマップなどによって，津波ハザードマップに基づいた津波や浸水の様子が，実際の建物や道路に投影され，体験する機会があったらどうでしょうか？　津波ハザードマップのような2次元表示では実感できなくても，VR技術による高い没入感があれば実感できるでしょう．没入感は両刃の剣で，どのように使うかが鍵となります．

また仮想空間の情報を信頼するためには，位置精度の高さが重要となります．特に遠隔VR技術の場合は利用者自身が遠隔地にいるので，仮想空間の情報に誤りがあっても自ら確認することができません．取得している位置精度の誤差範囲を利用者が常に理解できるように表示することの重要性は，自動運転システムでも述べたとおりです．

6.3 VR技術の人間力への影響と人間の関与

VR技術の成果として，ここではVRセラピーを紹介します．ニューキャッスル大学はVR技術を使って，7〜13歳の自閉症（ASD）の子供たちの混雑したバスへの恐怖などの治療を行い，その効果が1年間持続することを実証しています [Maskey, 2014]．このように効果が認められているVRセラピーですが，アメリカ食品医薬品局（FDA）は，患者の安全性を保つために，VRアプリの販売は認可されたセラピストのみに限定されています．そういう点では，治験中の治療法といえます．

セラピストなどの指導の下で使うことにより，恐怖心の克服などができるVRセラピーですが，悪用すれば洗脳ツールとして用いることも可能です．催眠術なども洗脳ツールとして使えるので，VR技術だけが危険なわけではありませんが…．

VR技術はCardBoxなどを使って誰もが手軽に利用できるようになってきていますし，これからもまだまだ進化するでしょう．このように発展途上の技術は，副作用をすべて予想できるわけではありません．その例として，俗に「ポケモンショック」と呼ばれる光過敏性発作があります．光過敏性発作は，赤や青が閃光のように交互に刺激する場面が数秒間続くなどの光刺激に，過敏に反応するものです．カラーテレビ放送が開始したのは1960年，そしてポケモンショックが起きたのは1997年ですので，カラーテレビ放送の開始から37年過ぎて，ようやく光過敏性発作のような副作用がカラー映像にあることがわかったわけです．

VR技術の起源は1968年にアイバン・エドワード・サザランドにより作り出されたHMDであり，意外と古い技術です．VR技術の普及はまだ始まったばかりで，成果と副作用のその双方について，

これからも注意深く見守っていく必要があります．

6.4 VR技術におけるパーソナルデータ活用

　VR技術では，利用者の注視している物体に関する追加情報を仮想空間に提示します．そのため，利用者の注視点を抽出しています．消費者が何に注目するのかという情報は，特に広告業界においては重要です．コマーシャルで注視して欲しい製品の写真や名前がきちんと注目されているかどうかを知ることにつながり，視聴率よりも非常に重要な情報となるわけです．

　HMDなどを被験者にかぶってもらい，コマーシャルへの注視点を記録することで，想定した通りの宣伝効果があるかどうかを検証することができます．このとき被験者は，注視点が記録されることを了承して参加している場合は問題ありません．

　VRゲームアプリでは利用者が没入しすぎないように，利用者の注視点やモーションなどを記録する場合があります．注視点やモーションの履歴情報があるならば，VRゲームアプリの改善などに活用したいと思うのが技術者の性質でしょう．この場合，没入しすぎ防止だけでなく，VRゲームアプリ改善のために注視点やモーションの履歴情報を活用することについて，事前に利用者から承諾を得る必要があります．また利用者は，同意書をあまり読まずに同意しているケースも多いでしょうが，自分のデータがどのように活用されるかについて，きちんと把握しておくべきです．

⑦

BMI
〜制御主体の座〜

　人間が自動車やロボットなどを操作するとき,対象を知覚し,認知し,腕などに対して運動を指示し,実際に腕が動いて操作が実現します.その経路を図示すると**図 7.1** のようになります.BMI (Brain Machine Interface) は,この知覚・認知・運動に関わる脳の活動を計測し,電気的人工回路で補償・再建・増進するものです.

　脳活動を計測する方法には非侵襲型と侵襲型の 2 種類があります.脳波形や NIRS などのように,帽子形状の装置を装着することで頭蓋骨の開頭を伴わない方法が非侵襲型です.頭蓋骨を開頭して電極を埋め込む皮質脳波(ECoG)のような方法が侵襲型です.

　ALS(筋萎縮性側索硬化症)患者や事故などによって脊椎の損傷により全身・部分麻痺となった人の場合は,図 7.1 では②のパスが機能せず,腕などを動かすことができません.そこで,脳活動を測定することにより運動指示を抽出して,コンピュータや車椅子などを操作できるようにするわけです.

　あるいは,失明者の場合には図 7.1 の①のパスが機能していませ

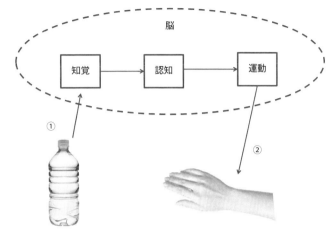

図 7.1　人間の情報処理と現実世界.

ん．そこで，失明者の脳に電極を埋め込む侵襲型 BMI によって，カメラからの信号を脳の知覚部に直接伝達する回路を作ります．その結果，感覚機能が再建され，不鮮明ながらも外界を捉えることが可能となります．

また，一般向けとして脳波の強弱を測定できるものが市販されています．これは強弱の測定という限られたものですが，②のパスの代替手段を提供しているわけです．

軍事用では，戦闘による人的損害を減少するために，戦闘機や戦車の操縦士が，BMI により軍事用ロボットを遠隔操縦するというものもあります．2016 年 1 月にアメリカの DARPA（国防高等研究計画局）は，埋込み型の神経装置の開発プログラム Neural Engineering System Design（NESD）を発表しました．脳とコンピュータの間でのリアルタイムな通信を可能とするために埋め込む装置のサイズは，角砂糖程度の大きさです．この装置を埋め込んで人間の能力をコンピュータで拡張するという，まさに SF の世界の

ようです．この例では，遠隔地のカメラ画像を直接脳に入力することにより，①のパスと，脳からの操作指示を遠隔地の戦闘機や戦車に伝達する②のパスを別途作成することで，所要時間の短縮と操作精度の向上を図るものです．

BMIでは図7.1の脳内での回路にも働きかけを行います．（株）国際電気通信基礎技術研究所は，脳ネットワークの配線図を解読して，ネットワーク内での特定の領域のつながり方をピンポイントで長期的に変化させる学習方法（結合ニューロフィードバック学習法）を研究開発しています．脳の特定の領域同士の結びつき方を実験参加者に実時間でフィードバックすることを繰り返し，4日間学習することで，2ヶ月間その結合が維持できるようになりました[Fukuda, 2015]．この方法により，将来，加齢で低下した認知能力の回復などが期待されます．

脳そのものの理解については，本シリーズで今後刊行が予定されている西本伸志氏による『脳をリバースエンジニアリングする（仮題）』を参照してください．

また，脳に直接刺激を与える治療法は，パーキンソン病やうつ病の治療にも脳深部刺激療法として実用化されています．脳深部刺激療法は，MRI画像を用いて脳深部の機能異常を生じている神経核の位置を同定し，そこに電極を埋め込んで刺激を与えるというものです．

7.1 BMI技術のマルチステークホルダーの存在

図7.2に示すBMI技術のマルチステークホルダー関連図は，一見，これまでのものと変わりがないように見えますが，大きく異なっているのは，利用者の脳が直接クラウドとつながっていることです．つまり，利用者が腕などの運動器官ではなく，脳イメージや脳

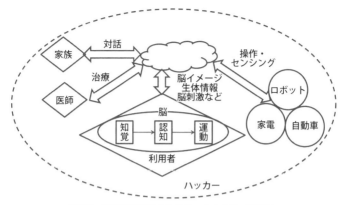

図7.2 BMI技術のマルチステークホルダー関連図.

波などの解析結果をもとに，家電やロボット，車の操作をしたり，家族と対話したりすることを明らかにしています．

一方，ニューロフィードバック学習法などでは，医師の監修のもとに脳イメージを元にした治療が行われます．現在はクラウドを介していませんが，将来的には，ニューロフィードバック学習法などではクラウドを介して高速に脳イメージを解析しつつリアルタイムで治療することもあるので，図7.2のような関係にしています．

7.2 BMI技術への人間の適応性と信頼感

ALS患者や事故などにより脊椎を損傷した方にとっては，BMI技術によって車椅子などの操作ができることの効用は大きいものです．脳からクラウド，そして操作，あるいは対話というパスが，常に正しく機能していれば，利用者は自らが制御していることを確信できます．しかし，何らかの不具合で応答性が劣化したりすると，この確信が揺らぐ可能性があります．

さらに極論かもしれませんが，脳イメージの解析が進むと，人間

が意識するよりも前に,操作することも可能となります.その一例としてカリフォルニア工科大学の下條信輔教授らによる視線カスケード効果が挙げられます[Shimojo, 2003]. 2つの顔写真のどちらが魅力的かを判断してボタンを押す実験で,被験者の眼球運動を測定すると,判断の約1秒前から視線が選考する写真の方に偏るというものです.つまり,操作する約1秒前に脳はすでに選考しているわけです.この視線カスケード効果が脳イメージから解析できるようになると,把持しようと人間が意識的に決定する約1秒前に,脳イメージの解析から把持指示と判断され,義手あるいはロボットが把持してしまうということも起こりえます.

このような状況になったときに,利用者は果たして自分が制御していると確信し続けることができるでしょうか? コンピュータに勝手に脳を解析されて,先回りされ制御権を奪われたと感じるのではないでしょうか? そのようになったときでも,利用者はBMI技術を信頼し続けることができるのでしょうか?

7.3 BMI技術の人間力への影響と人間の関与

(1) 障がいの克服

脊椎損傷などの方が,BMI技術の通常使用が可能になった暁には,BMI技術によって,誰かに頼ることなく行動が可能になるので,人間力が向上することは間違いありません.

一方で,脳深部刺激療法については,強力な電磁波などで誤作動が起こる可能性もあります.したがって,心臓ペースメーカ利用者と同様に,むやみに電波の発信源に近づかない,といった行動制限が課されます.治療の一環と理解すれば,いたし方ないことですが,利用者側にとって行動制限はつらいものでしょう.

(2) BMI技術べったり

　少し極端かもしれませんが，障がいの有無にかかわらず，誰もがBMI技術を使う未来を考えてみましょう．例えば，ウェアラブル脳波計が小型になり，ヘアバンドのように簡単に装着して使うような未来です．現在のようにスマートフォンにタッチしたり，話しかけたりしてアプリを起動する代わりに，どのアプリを使いたいかを考えるだけで，そのアプリを使えます．SNSも念じるだけで投稿でき，コミュニティの投稿も読まずに直接に脳に入力されて理解できます．買い物も念じれば，ネットショップから自動的に製品が選択され，配達されます．クレジット決済も脳波認証で行えます．外出の際は念じてモビルカーを呼び出せばOKです．

　このようにBMI技術があれば，手や口を動かす必要はなく，すべてのことが行えるようになります．手足を動かすのは，ダイエットのためにロードランナで走るときぐらいでしょうか．便利そうですが，動き回る方が性にあっている筆者にとっては，あまり幸福そうに思えません．

　また，困ったこともありそうです．常時BMIヘッドバンドをつけているので，アプリの起動や買い物などの何かを指示するときは良いのですが，何も指示する必要がないときも，すべての脳イメージが計測されています．雑念まで計測され，解析されるわけです．雑念解析を拒否し，指示されたときだけ脳イメージが解析されるような雑念フィルタが必要ではないでしょうか？

7.4 BMI技術におけるパーソナルデータ活用

　BMI技術では様々な脳イメージ情報を解析します．現在の技術レベルでは，指紋や顔などの情報とは異なり，脳イメージ情報だけでは個人の特定はできません．しかし，現在でも脳イメージ情報か

ら，その人の性格や脳年齢を割り出すサービスがあるので，今後，脳解析技術が進展し，将来は脳イメージ情報だけでも個人を特定できるようになる可能性もあります．したがって，現段階から脳イメージ情報の扱いをしっかりと定めておく必要があります．

医療情報については，日本の標準化方式SS-MIX（Standardized Structured Medical record Information eXchange）や国際的臨床研究データ交換基準CDISC（Clinical Data Interchange Standards Consortium）などの標準化方式があります．

脳イメージ情報については，ITU-T SG16 Multimediaにおいて標準化が始まったところです．標準化だけでなく，図7.3のように情報通信研究機構を中心に，理化学研究所や（株）国際電気通信基

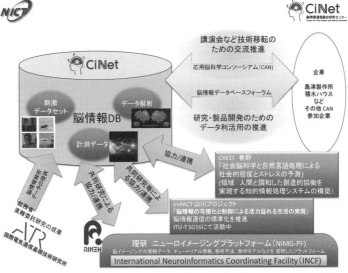

図7.3 脳情報データベースセンターとして研究開発・製品開発コミュニティを創設・中核へ．

（提供：国立研究開発法人 情報通信研究機構）

礎技術研究所などの協力により，計測された脳イメージ情報だけでなく，刺激データセットやデータ解析も含めた脳情報データベース創設が検討されています．

感情認識技術
～人間力の向上～

　感情などの言語以外の情報は，人間同士が対話する際に重要です．A. Mehrabian [Mehrabian, 1968]によると，表現と単語が矛盾している会話の中では，言葉（verbal）と周辺言語表現（声の高低や速さなど，vocal）と表情（facial）が占める割合は以下のようになっており，言葉はわずか7％しかないとしています．

$$\text{Total Impact} = .07\text{verbal} + .38\text{vocal} + .55\text{facial}$$

　またR. L. Birdwhistell [Birdwhistell, 1970]は，言葉が30〜50％，非言語（non verbal）が65〜70％としています．つまり対話においても，言葉自身より，表情や身振り手振りの占める割合が大きいわけです．

　P. Ekman [Ekman, 1983]は，身体動作を「標識」，「例示子」，「情感表示」，「調整子」，「適応子」に分類しています．「標識」はサインであり，"ことば"に言い換えが可能なものです（1，2などの数字や手話などが相当します）．また，会話の開始や肯定・否定を

表す首の縦振りや横振りは，汎文化的標識の一つです．発話の内容や流れに基づき，発話内容を強調し，精緻化するものが「例示子」です．上下などの空間関係や，対象を示したりする動作が該当します．「情感表示」は情動に伴う表情や身振りであり，怒りや困惑などがあります．発話の交代などを示すのが「調整子」であり，手振りや頭部の振り動作が一般的に用いられます．「適応子」は貧乏ゆすりなど，状況に適応するために姿勢を変えるなどの行為です．人間はこのように全身を使って感情を表現します．

感情認識は，コミュニケーションロボットやコールセンターでの顧客不満検出などにおいて重要です．SNSでは顔文字など種々の手段で感情表現を試みますが，コールセンターでは声の大きさや高さなどの周辺言語表現から，顧客の怒りやオペレータの気持ちを自動で判断し，テキストだけでは把握しきれない顧客の不満を定量化します．音声に含まれる感情成分を認識し，気分の変調を測定するスマートフォンアプリも存在します．また，感情認識によって単なる気分変調ではなく，うつ病などの早期発見を行おうとする研究もあります．

8.1 感情認識技術のマルチステークホルダーの存在

感情認識技術のマルチステークホルダー関連図は図 8.1 のようになります．図 7.2 の BMI 技術のマルチステークホルダー関連図と似ていますが，図 7.2 では脳がクラウドに接続していたのに対し，図 8.1 では利用者がクラウドに接続し，顔や音声などがアップされている点が異なっています．そして解析された感情をもとに，家族や友人，あるいはロボットの対話が行われます．また，自動運転車へ解析された感情が送られ，運転者が怒りなどで安全に運転できないと判断された際は，利用者による運転から自動運転に切り替わり

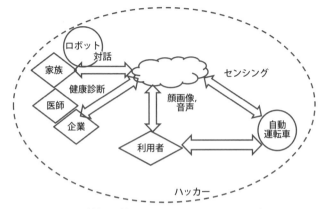

図 8.1 感情認識技術のマルチステークホルダー関連図．

ます．

また，医師は感情の解析結果に基づき，利用者が仕事でストレスを抱え込んでいないかを診断します．うつ病などの早期発見に用いられます．企業では産業医の診断に基づき，従業員に休暇取得や受診などを勧めます．

8.2 感情認識技術への人間の適応性と信頼感

Apple が買収した Emotient は，動画解析をして顔の表情から利用者の感情などを調査します．解析内容は，

　　Attention　　：広告や製品が気付かれているか？
　　Engagement：感情的に応答しているか？
　　Sentiment　　：反応はポジティブか，ネガティブか，何の感情
　　　　　　　　　もないか？

の3つのポイントです．視注意を惹いたかどうかは，BMI の節で触れた下條教授らによる視線カスケード効果に相当します．この Emotient のような，感情解析を広告や製品の評価にする場合，必

ず利用者の同意を得た上で行われます．

　感情解析の利用でも，自分の感情が広告や製品の評価に使われることを理解しています．利用者が目的に同意していないと感情解析はできませんが，同意しても感情解析時に正直な感情が表出されるかどうかは難しい問題です．それは血圧を測定されると思うと緊張して血圧が上がるというのと同じ理屈です．

　自然な感情解析を行うには，利用者が解析されていることを意識しなくなることが必要ですが，コミュニケーションロボットとの対話や自動運転車の運転のような，日常的に行われている行為であれば，感情解析されていることは意識しなくなります．利用者が感情解析されることを意識しなくなった状態で計測できることは重要です．それはつまり，利用者から信頼が得られたということです．

8.3　感情認識技術の人間力への影響と人間の関与

　「目は口ほどにものを言う」といいますが，人間はいつも本心を感情として表出しているわけではありません．交渉，面接，ポーカーゲームなどでは動揺や腹立ちなどを隠して平静を装うものです．

　このような隠された感情を短時間表出する微表情から検出する研究があります．表情の瞬時の動きを拡大検出し，機械学習することで，「ポジティブ」，「ネガティブ」，「驚き」の3種類の感情が検出可能になります．この技術を使うと，犯罪容疑者などの取り調べにおける嘘の発見などが可能になります．

　しかし，このような技術が就職面接の際の求職者の経歴詐称の確認などに使われることになったらどうでしょうか？　面接時に求職者からきちんと同意を得て行うのであれば許されるのでしょうが，同意を得ていない場合は問題となります．ましてや，誤って経歴詐

称していると認識されたため就職できなかった，となれば大きな問題です．

さらに技術が進んで，スマートフォンなどで簡単に微表情が検出できるようになったとき，夫が妻に「愛しているよ」と言っても，微表情検出で嘘との結果が出たらば，夫婦喧嘩になること間違いなしです．

人間同士でも，本心を赤裸々にしないことでうまくいっている場合が多々あります．あえて本心を感情認識技術で赤裸々にすることが，余計な争議をかもすことになれば問題です．ちょっと苦手な上司を前にしたときに，その本心が上司にいつも伝わってしまうようでは，人間関係はうまくいかなくなるのではないでしょうか？

逆に，上手に感情表現できない人の訓練に使うことで，日常生活を豊かにすることができるかもしれません．思わず本音をもらして物議をかもす政治家には，微表情検出を使った訓練をして答弁に臨むのもお勧めです．

8.4 感情認識技術におけるパーソナルデータ活用

オフィスや学校などで，顔見知り同士で挨拶を交わす際に，顔色が悪かったりすると「気分は大丈夫？」と問いかけることは，ごく普通にあります．電話の声が鼻声であったりすると，「風邪ぎみなの，お大事にね」と労わったりします．あるいは社内会議で上司の口調が，通常よりとげとげしていたりすると，「今日は○○さん，機嫌が悪いね」と部下同士でうわさしたりします．近しい関係であれば，「熱をはかったら？」など，1歩踏み込んだアドバイスを行ったりもします．

このように，人間同士では表情や口調などから相手の感情などを推し量るのはごく当たり前のことです．その結果のアドバイスを余

計なおせっかいと思うかどうかは，人間関係に依存しますが，人間同士では対話するために感情認識することは当然なわけです．

一方，人間同士では当然である感情認識を，スマートフォンアプリやコミュニケーションロボットが行うようになったらどうなるのでしょうか？　まず人間同士と異なり，先の図8.1の関係はすべて利用者の同意に基づいて行われる必要があります．問題はどのレベルで同意が得られているかという点です．

例えば，ストレスチェックのために，スマートフォンに自らがダウンロードしたアプリに向って語りかけているとき，利用者はストレスチェックに関して，入力した音声が分析されることに同意しています．ストレスが高いと判定されたとき，「ストレス解消に○○の薬が効きます」といった広告が配信されたとします．アプリダウンロード時の同意書を細かくチェックする人はあまり多くないと思いますが，音声によりストレスチェックするようなアプリでは，個人情報を取得するため，最初の個人情報の利用目的の項目で

>「○○○○は，お客様からご提示いただいた名前，住所，電話番号，性別その他のお客様個人に関わる情報（以下，「個人情報等」といいます）を，お客様へ適した商品やサービス，及び会報誌・ダイレクトメール等による各種情報のご提供のために利用させていただき，お客様の承諾なく，他の目的には利用いたしません．」

のような記述がされているはずです．

ここで問題になるのは，高ストレスと判定された利用者に，ストレス低減に役立つであろう商品の広告を流すことは「お客様へ適した商品やサービス」情報の提供かどうか，ということです．ストレスチェックアプリの提供企業がストレス低減の商品も販売している際に，利用者は自分のストレスデータが商品販売にも利用されるこ

とを認識するのは困難です．したがって，商品販売に利用する場合には，別途項目を設けて利用者の同意を得ておくのが妥当と考えられます．

では，ストレスチェックを実施するのがスマートフォンではなくコミュニケーションロボットであったらどうでしょうか？ 利用者の高ストレスとの判定結果に基づいて，コミュニケーションロボットが「SNS でストレス低減に○○の薬が効くって出てたよ」と教えてくれたらどうでしょうか？ おせっかいだと思う利用者もいるかもしれませんが，少なくとも薬の宣伝とは思わないでしょう．自分が検索する手間なく教えてもらえて便利と感じる利用者も多いでしょう．

このようにコミュニケーションロボットとの対話の中で感情認識結果が活用されることは，「お客様へ適した商品やサービス」の範囲と認識されるわけです．先のスマートフォンの場合でも，広告という形ではなく，SNS での話題の共有の形であれば，拒否反応は少ないかもしれませんが，ストレスチェックアプリによるサービスの範囲内ではないと判断すべきでしょう．

両者の違いは，感情認識結果を活用することがサービスの目的に合っているか，つまり合目的かどうかにあります．利用者が合目的と理解できるサービスの中で感情認識技術を活用することが，健全な市場育成のためには非常に重要です．

⑨

ELSIの国際動向

9.1 日本と海外の法制化姿勢の差異

(1) オプトインとオプトアウト

　法制化の姿勢で日本と海外の違いを端的に表す言葉として使われるのが,「オプトイン」と「オプトアウト」という契約上の概念です.個人情報の利用などに関して,利用者から明確に許諾を得た上でないと実施しない,実施してはならないとするのが「オプトイン」です.これに対して「オプトアウト」は,企業などが個人情報を収集・利用することができることを事前に決めて利用者に知らせた上で,利用者が離脱や脱退,中止,拒否などをしたいときは,その意思を表明できるものです.

　オプトインは,利用者が同意しない限り始めることはできませんが,オプトアウトは,利用者の同意なしに始めることができ,問題があったらやめることができる,というわけです.利用者が送信を

事前に許可した広告メールはオプトインメールであり，許可なく送り付けてくるメールがオプトアウトメールです．

　日本はオプトインが，海外の多くはオプトアウトが，法制化のポリシー（姿勢）といわれます．例えば，セグウェイはモータ出力が0.6 kWを超えているので，日本の道路交通法では普通自動二輪車とされていました．したがって，道路交通法によりセグウェイは，急制動可能なブレーキや灯火装置などを装着し，車両登録してナンバープレートを取得することが必要と判断されました．つまり，日本の公道での走行は不可能とされてしまったのです．しかし，構造改革特区のつくば市や豊田市での3年間の実証実験により，事故などの問題がないことが示されました．その結果，2015年7月から，国土交通省はセグウェイの公道での走行を認めるようになりました．

　オプトインとオプトアウトの差異は，意思決定を誰が行うかにあります．オプトアウトの方が個人の意思決定に任される範囲が広いわけです．とりあえずやってみて，問題があればやめるということで，個人の裁量に任されています．それに対してオプトインでは，道路を走るものなどは政府の許可を得ることで安全が確保されるので，安全・安心な面はありますが，事故が起きたら，そのような法制を課している国や自治体にも責任があると考えられる傾向があります．

　ICTのように技術進歩の早い領域では，そのグローバル化の中で，オプトインでは市場の健全な競争力を維持するのが難しい局面が出てきていることを，セグウェイなどの事例が示しています．また，スマートフォンアプリからタクシーを依頼できるUberや一般家庭も含めて宿泊施設を検索できるAirbnbなどでも，日本では法制的な問題が指摘されています．日本の文化を維持しつつ，オプト

インのポリシーによる法制をバランスのよく見直す段階にきているのではないでしょうか.

(2) 市民活動

　意思決定の個人裁量の差が日本と海外の間にあることを前節で指摘しましたが,その差は市民活動にも現れています.海外ではCode for America やシビックテックなど,市民が自ら公的サービスの実現に参加しています.GitHubなどのオープンソーステクノロジーを使い,市民ネットによって公的サービスを効率化し,使いやすくするものです.ヒューマンインタフェース・デザインはユーザ参加型設計であり,ソフトウェア開発であれば,Agile methodなどがありますが,それをまさに市民集団で行うものです.

　従来は公的サービスをICTの成果物として享受していた市民が,その設計プロセスに関与するのですから,日本人からするとちょっと想像しづらいでしょう.以下に行政への市民参加の活動例をいくつか紹介します.

・**シビックテック活用によるスマートシティプロジェクト**
　「**スマートシカゴ・コラボラティブ**」

　米シカゴ市にて,省エネのためにスマートメータのメーカ主導で始まったスマートシティプロジェクトが,オバマ政権下で首席補佐官を務めたラーム・エマニュエル市長のリーダーシップのもとで,市民参加によって様々な地域課題を解決するプロジェクトに発展しました.これが「スマートシカゴ・コラボラティブ」(**表 9.1**)です.これを可能にしたのが,知として集積されたGitHubなどのオープンソーステクノロジーです.

・**Health, Demographic Change and Wellbeing, Horizon 2020**

　FP 7(次節で詳述)に継ぐ,欧州の新しい科学技術・イノベーシ

表 9.1 「スマートシカゴ・コラボラティブ」がカバーする領域.

領　域	プロジェクト名
市民サービス	Connected Chicago, Chicago Works For You, Chicago Early Learning, Neighborhood Tools
健康医療	Chicago Health Atlas, Smart Health Centers, Foodborne Chicago, Health Data Liberation
教育	CHive Learning Network, #Civicsummer, Connect Chicago
技術インフラストラクチャ	Civic User Testing Group(CUTGroup), Web hosting services, Developer Resources
オープンデータ	Chicago School of Data, Cook County Open Data Partnership, OpenGovChicago, Illinois Open Technology Challenge, Crime and Punishment in Chicago

ョン政策であるHorizon 2020では，7つの社会的課題を挙げています が，そのトップがヘルスケアです．IMI（Innovative Medicines Initiative），AAL（Active and Assisted Living Program），EIP on AHA（European Innovation Partnership on Activities and Healthy Ageing）などと協調しています．ワークプログラムは，Personalizing health and care（PHC）で34個のプログラム，連携活動 Health Coordination（HCO）が17件，Health Other Actions（HOA）が8件，活動しています．サービスロボットやICT利用でのリスク検出などの幅広いプログラムがあります．

・Crowd Sourcing による創業支援の試み

韓国では，新しい経済成長エンジンとなる事業のアイディアを国民から募集し，事業化するためのポータルサイト「創造経済タウン」が，韓国科学技術研究院（KIST）により運営されています．

9.2 RoboLaw（EU）

RoboLawプロジェクト[Robo, 2014]は第7次欧州研究開発フレームワーク計画 FP 7 [FP 7, 2007]の下，Regulating Emerging

Robotic Technologies in Europe: Robotics facing Law and Ethics というタイトルで 2014 年 9 月から 27 ヶ月間にわたって行われ,ロボットの法と倫理に対するガイドラインを作成しました.

ロボットは身体性(physical nature),自律性(autonomy)と人間性(human likeness)をもつものと定義されています.2013 年に筆者がネットワークロボット周知のために EU を訪問した際は,「人間性のあるロボットなどとんでもない」という反応でした.アンドロイドロボットなどの日本での研究開発が EU のロボット関係者に影響を与え,彼らのコンセプトを大きく変えたと信じています.RoboLaw では自動運転車,計算機化された外科手術,ロボット装具とケアロボットについて,それぞれの定義,倫理的分析,法的責任を述べています.

倫理問題の重要さについては,次節で述べる Robot-Era の経験から,

- 安全性(safety)
- 責任(responsibility)
- 自律性(autonomy)
- 独立性(independence)
- 人間力(enablement)
- プライバシー(privacy)
- 社会的な絆(social connectedness)
- 新技術と公正さ(new technologies and justice)
- 新技術,倫理と科学研究(new technologies, ethics and scientific research)

の 9 つが挙げられています.

9.3 Robot-Era（EU）

Robot-Era プロジェクト [Robot, 2012] は，高齢者のリアルな使用を想定したロボットシステムの実装などを検討するために，FP 7 の下で 2012 年 1 月から 2015 年末まで 4 年間にわたって行われたプロジェクトです．イタリア SSSA（Scuola Superiore Sant'Anna，聖アンナ大学院大学）をはじめ，イギリス，ドイツなど全 12 機関により実施されました．

スウェーデンのケアホームでは荷物を運ぶロボット，イタリアのケアホームでは等身大の見守りロボットなど，数種類のロボットが実装されました．日本人の感覚からするとサイズが大きく感じられるのですが，ロボットが高齢者からキスされている写真もあり，利用者から受け入れられているようです．

参考文献

[Bowman, 1997] Bowman, D. A., Koller, D., and Hodges, L. F.: Travel in Immersive Virtual Environments: An Evaluation of Viewpoint Motion Control Techniques, https://graphics.stanford.edu/~dk/papers/travel-vrais-97.pdf, 1997.

[Belady, 2011] Belady, C.: Microsoft Corporation, Projecting Annual New Datacenter Construction Market Size, http://www.business-sweden.se/contentassets/6b39e0b3c580436b85ea3897992ac309/projecting_annual_new_data_center_construction_final.pdf, 2011.

[Birdwhistell, 1970] Birdwhistell, R. L.: Kinesics and Context PA, Pennsylvania, University of Pennsylvania Press, 1970.

[DustBot, 2006] DustBot, http://www.dustbot.org/, 2006.

[Ekman, 1983] Ekman, P.: Three Classes of Nonverbal Behavior. In von Raffler-Engel, W. (Ed.), "Aspects of Nonverbal Communication", Swets & Zeitlinger, 1983.

[FP7, 2007] FP7, http://ec.europa.eu/research/fp7/, 2007.

[Fukuda, 2015] Fukuda, M., Yamashita, A., Kawato, M., and Imamizu, H.: Functional MRI Neurofeedback Training on Connectivity between Two Regions Induces Long-Lasting Changes in Intrinsic Functional Network, *Frontiers in Human Neuroscience*, **9**, 160, 2015.

[Maskey, 2014] Maskey,M., Lowry, J., Rodgers, J., McConachei, H., and Parr, J. R.: Reducing Specific Phobia / Fear in Young People with Autism Spectrum Disorders (ASDs) Through a Virtual Reality Environment Intervention, PLOS one, July 2, 2014.

[Mehrabian, 1968] Mehrabian, A.: Communication without Words, *Psychology Today*. **2**, 52–55, 1968.

[NHIS, 2013] NHIS (National Highway Traffic Safety Administration), "U.S. Department of Transportation Releases Policy on Automated Vehicle Development". 30 May 2013, Retrieved 18 December 2013.

[NICT, 2010] 情報通信研究機構プレスリリース,
http://www.nict.go.jp/press/2010/08/24-1.html, 2010.

[Robo, 2014] RoboLaw, www.robolaw.eu, 2014.

[Robot, 2012] Robot-Era, http://www.robot-era.eu/robotera/, 2012.

[Scheutz, 2012] Scheutz, M.: The Inherent Dangers of Unidirectional Emotional Bonds between Humans and Social Robots. In Patric Lin, Keith Abney, and Geroge A. Bekey (Eds.), "Robot Ethics", 205-222, MIT Press, 2012.

[Shimojo, 2003] Shimojo, S., Simion, C., Shimojo, E., and Scheler, C.: Gaze Bias both Reflects and Influence Preference, *Nature Neuroscience*, **6**, 1317-1322, 2003.

[Star, 2015] StarBED3, http://starbed.nict.go.jp/, 2015.

[青木, 2014] 青木啓二: 自動車運転技術の開発動向と実用化に向けた課題, 情報処理学会, 2014-ARC-209 (7), 1-7, 2014.

[安藤, 2010] 安藤広志, カラン明子, Norberto Eiji Nawa, 西野由利恵, Juan Liu, 和田充史, 坂野雄一, 臨場感の知覚認知メカニズムと評価技術, 情報通信研究機構季報, **56**, (1/2), 157-165, 2010.

[カーツワイル, 2007] レイ・カーツワイル:『ポスト・ヒューマン誕生—コンピュータが人類の知性を超えるとき』, NHK出版, 2007.

[グッド, 2015] グッドデザイン賞,
http://www.g-mark.org/award/describe/43087?token=0RWnvllPfW, 2015.

[小松原, 2003] 小松原明哲:『ヒューマンエラー』, 丸善, 2003.

[環境省, 2010] 環境省: 温室効果ガス「見える化」推進戦略会議,
http://www.env.go.jp/council/37ghg-mieruka/gaiyo37.html, 2010.

[総務省, 2015] 総務省: パーソナルデータの利用・流通に関する研究会報告書〜パーソナルデータの適正な利用・流通の促進に向けた方策〜, 2015.

[武田, 2015] 武田一哉:『行動情報処置—自動システムとの共生を目指して』, 共立出版, 2015.

[電子情報, 2010] 電子情報通信学会: S3群2編 感覚・知覚・認識の基礎, 乾敏郎ら編, 知識ベース 知識の森,
http://www.ieice-hbkb.org/portal/doc_179.html, 2010.

[土井, 2007] 土井美和子, 萩田紀博, 小林正啓:『ユビキタス技術 ネットワークロボット―技術と法的問題』, オーム社, 2007.

[土井, 2016] 土井美和子, 萩田紀博: ロボットの性格ダウンロードに関するグーグル特許分析とコミュニケーションロボットの社会インタラクション, 電子情報通信学会技報, CNR2015-47, 79-82, 2016.

[内閣府, 2015] 内閣府: 2020 年オリンピック・パラリンピック東京大会に向けた科学技術イノベーションの取組に関するタスクフォース,

http://www8.cao.go.jp/cstp/tyousakai/olyparatf/sassi/index.html, 2015.

[山本, 2006] 山本大介, 土井美和子, 松日楽信人, 木戸出正継: 親和行動導入による実用的ホームロボットインタフェース―音声誤認識を許容する親和行動, ヒューマンインタフェース学会論文誌 **8**, (2), 247-253, 2006.

あとがき

　「あと10年はかかる」といわれていた，コンピュータ囲碁によるプロ棋士への勝利ですが，2016年3月，Googleの圧倒的な資金力によって開発された「アルファ碁」が，大方の専門家の予想を裏切り，世界チャンピオンのプロ棋士に圧倒的な強さで勝利をおさめました．

　そのような中，ICTがどこまで進化するか，楽しみにしている方も脅威を感じている方も多くいるでしょう．

　巷では，「702種の職種のうちの77%の職種がAIにとって代わられる」というオックスフォード大学のオズボーン准教授の研究に注目が集まっています．もちろん自分の仕事がなくなるというのは脅威ですが，プログラマやCGクリエータといった，ICTによって新たに生み出された職種も多数あります．将来なくなる職種を知ることも大切ですが，新たに創造される職種に目を向けることも大切でしょう．

　メディアは，幸福な出来事よりも不幸な出来事の方が，視聴者や読者の関心を集めやすいので，不幸な出来事を大きく取り上げる傾向があります．したがって，メディアには大きく取り上げられないような幸福な出来事があることも忘れてはなりません．

　厳しい競争に耐え抜くためには，研究者や技術者は科学技術の進展を信じ続ける信念が必要です．一方，科学技術の未来が脅威にもならないように配慮する余裕も必要です．

　本書では，7つのICT先端技術におけるマルチステークホルダー

を明らかにしました．研究者や技術者，その候補者である読者の皆さんが関わる科学技術にも多くのマルチステークホルダーが存在します．本書を通して，皆さんの研究開発の未来が，マルチステークホルダーの脅威とならないように配慮する余裕を生み出す一助になれば幸いです．

【追記】

脱稿後，ゲラ校正の始まる前に熊本での大震災がありました．多くの方が亡くなられ，被災し，心が痛みます．直下型地震のデータ不足の状況では，どのように優れた科学者でも地震予想をすることはできません．限界を見極め，現実を直視して，被災からの復興に向け，尽力すべきと痛感します．

ICT技術の急発展に対して社会は準備できているのか？

コーディネーター　原　隆浩

　最近のスマートフォンやソーシャルネットワークサービスの劇的な普及によって，良くも悪くも私たちの生活が大きく変化しました．しかし，これはまだ序の口で，遠くない未来には，これまでに人類が遭遇したことのない大きな変化を目の当たりにするでしょう．その主役となるのが，本書で取り上げている「自動運転」「知能化都市」「ロボット・アンドロイド」などの最先端の情報通信技術（ICT技術）です．これらの技術は，これまでのパーソナルコンピュータや携帯電話などのように一種のICTデバイスとして人間社会に関わるのではなく，自動車，街，行動支援・話し相手などとして直接，私たちの生活に深く関わることが大きな違いです．つまり，飛躍的に進化したICT技術が，私たちの生活のあらゆる場面に関わってくるのです．

　このような急激な変化に対して，私たちの社会はしっかりと準備ができているのでしょうか？　そんな疑問を投げかけ，それを解決するために必要な視点は何かを教えてくれるのが本書です．本書は，今後予想されるICT技術と社会との関係（インタラクション）について，倫理的，法的，社会的課題（ELSI: Ethical, Legal and Social Issues）などの観点から，さまざまな例を交えてわかりやすく解説した最初の書籍といってよいでしょう．例えば，本書を読むことで，

　・自動運転車が事故を起こした場合，誰（運転車・同乗者，メー

カー）が責任を取るべきか？
- 要介護者の見守りサービスにおいて，カメラや各種センサの設置，データ取得・状況認識に関わるプライバシー上の問題は何か？
- 仮想現実（VR）の没入感が，社会や人に与えるメリットとデメリットは？

などの近未来に起こりうる課題が明らかになります．その他にも，

- 自動運転車や介助ロボット，その他の便利なサービスにより人間力が低下しないか？
- 同じロボットは利用者に対して性格や特徴を（利用者が好むものに）変えるべきか否か？
- 利用者がロボットに依存・執着して，誘拐などの犯罪や遺産相続問題が起こらないか？

など，SF 映画や小説のテーマのようですが，実は本当に起こりうる切実な社会問題についても理解することができるでしょう．

本書の著者である土井美和子さんは，永年に亘り企業の第一線でインタフェースなどの研究開発に携わってこられた研究者であり，また，日本学術会議の第三部（理工系）の副部長を務めておられ，わが国の科学者のリーダー的な存在です．土井さんは，本シリーズ（共立スマートセレクション）の情報系分野において，人間情報学領域のコーディネーターを担当されており，この解説文の執筆者である私は情報系分野全体の企画委員を務めています．土井さんは，コーディネーターとしての業務の中で本書のトピックの重要性を強く認識され，自らが筆を取ることを決意されました．その心意気に感銘を受け，僭越ですが私が本書のコーディネーターを務めることになりました．本書は，日本の科学者のリーダー的存在である土井さん自らの手によって，ICT 社会にメスを入れた大作です．

是非，多くの人に読んでもらいたいと思います．

以下では，本書の概要について，章構成にしたがって説明します．まず1章では，我々の生活に深く関わるいくつかの代表的なICT技術（スマートフォン，インターネット，ドローンなど）の普及速度を示し，それに基づいて，本書で注目すべき4つのポイントである(1)技術に関わるマルチステークスホルダーの存在，(2)新たな技術に対する人間の適応性と技術に対する信頼感，(3)人間力への影響と人間の関与，(4)パーソナルデータ活用の目的，について解説しています．

2章では，最近注目されている「自動運転システム」を対象とし，まずポイント(1)について，個別機能の支援（レベル1）から完全自動運転（レベル4）までの自動運転レベルに応じて，システムに関わるマルチステークホルダー（運転車，歩行者，自動車メーカー，自治体・国，他の自動運転車など）の関係を解説しています．その中で，複数の自治体・国の連携，法改正の必要性や，事故時の責任の所在，ハッカーの脅威などについて議論しています．ポイント(2)については，普及のための安全性向上の重要性について紹介し，ポイント(3)については，自動運転車と非自動運転車を歩行者等から識別可能とすることの重要性を述べています．ポイント(4)について，自動運転を可能とするための各種センサとその技術（カメラによる歩行者認識など）によって生じるプライバシー問題について述べています．

3章では，スマートシティ，移動最適化システムなど，「知能化都市におけるエコシステム」を対象とし，まずポイント(1)について，生活資源をマルチステークホルダー（情報，エネルギー，水，食料）と捉え，エネルギーや水の重要性を述べています．その後，ポイント(2)について，イベント（オリンピックなど）での単

発的な利用ではなく状況に応じたバージョンアップ・変更による継続利用の必要性や，提供するサービスの種類と質の明確化と利用者への通知の必要性などについて述べています．ポイント (3) について，便利なサービスに慣れた利用者がシステム停止時にも行動できるように，非常時対応訓練の重要性を述べています．ポイント (4) については，人流計測や防犯目的の顔認識，非常時対応訓練などで生じるプライバシー問題について述べています．

4章では，生活・サービス分野における「コミュニケーションロボット」を対象とし，ポイント (1) として，マルチステークホルダー（ロボット，利用者，介護施設，ロボットメーカ，遠隔の家族，個性提供者など）の関係性を述べています．さらに，コミュニケーションロボットは利用者との親密性が格段に高いため，ロボットの個性が重要な要素であり，それに加えて利用者の表情や感情の認識，自然な対話などが重要であることを示しています．また，ロボットが特定の人物を再現している場合，その人物の個性情報をどれだけ修正してよいのか，修正の許可は誰から得るのかなどを議論しています．ポイント (2) として，ロボットをコミュニケーション相手とすることの拒否感が時代とともに薄れており，より人間に近い存在（例えば「マツコロイド」）になっていることを述べています．ポイント (3) として，ロボットに対する人間の依存症の危険性について述べています．例えば，嫉妬深いロボットによる利用者の実社会からの孤立，ロボットへの強い恋愛感情による独占願望，ロボットへの愛着を利用した遺産相続問題など，一見冗談のようで切実な問題が紹介されています．ポイント (4) として，利用者の表情や感情を認識する上で生じるプライバシー問題について議論しています．

5章では，要介助者などを支援するために人が装着する「アシス

トロボット」を対象とし，まずポイント (1) について，マルチステークホルダー（ロボット，利用者，リハビリ施設，ロボットメーカなど）の関係性を示しています．また，ロボットの操作に，無意識な動作でよいものと，「右脚動け」のように意識的な思考を必要とするものがあることを紹介し，後者の課題について述べています．ポイント (2) として，利用者が安全に快適に使用できることが重要で，個人差や日々の変動への対応が重要であることを示しています．ポイント (3) として，社会の方が慣れていくことで利用者の使用に対する拒否感が薄れること，バッテリーの長寿命化と充電設備の設置が重要であることを示しています．ポイント (4) として，プライバシー問題だけではなく，ロボットの制御が確実に利用者の生体情報に基づいて行われていることを検証する仕組みが必要であることを述べています．

6 章では，「仮想現実 (VR)」を対象とし，ポイント (1) として，利用者が直接やり取りを行うのが仮想空間であるという大きな特徴を述べています．ポイント (2) として，没入感の重要性と，没入しすぎることの問題点（現実空間で危険な状況にあうなど）を述べています．ポイント (3) として，没入感を洗脳ツールとして使用される危険性や，VR 技術の普及に伴い今後新たに成果と副作用が発覚する可能性について述べています．ポイント (4) として，注視点や動作に関するプライバシー問題を議論しています．

7 章では，「BMI (Brain Machine Interface)」（知覚・認知・運動に関わる脳の活動を計測し，電気的人工回路で補償・再建・増進する技術）を対象とし，ポイント (1) として，脳がクラウド（計算用サービスなど）に直接つながっていることを示しています．ポイント (2) として，利用者が BMI 技術を信頼するために，利用者自身が制御して正しく機能しているかを確認できる仕組みが必要であ

ると述べています．ポイント(3)として，障がい者などの自立した生活を支援できることから人間力の向上につながるが，依存過多によって逆に人間力が低下する可能性があることを示しています．ポイント(4)として，プライバシー保護の観点を含めて，脳イメージ情報の扱いをしっかりと定める必要性を述べています．

8章では，「感情認識技術」を対象とし，まずポイント(1)として，利用者がクラウドに直接つながることを示しています．ポイント(2)として，利用者の同意の上で感情認識を行うこと，その一方で，利用者が過度に意識せずに自然に振る舞うことが重要であると述べています．ポイント(3)として，感情を表に出したくないときに感情認識されることで生じる問題点を，興味深い例を交えて紹介しています．ポイント(4)として，感情認識は利用者の同意のもので行わなければならないことと，利用者の目的に合っている用途に使用しなければならないことを述べています．

最後に9章では，「ELSIの国際動向」として，日本と海外の法制化姿勢の差異や，RoboLawやRobot-Eraといった欧州のプロジェクトを紹介しています．

以上のように，本書ではICTの未来予想図として，最先端ICT技術と社会のインタラクションと，それによって生じる課題について興味深い視点で多角的に議論しています．本書を読み終えたときには，ICT技術がこれからもたらす社会とその課題について，きっと理解していただけるでしょう．本書をきっかけにして，ICT技術が社会に大きく関わっていることや，ICT技術の奥の深さなどを知っていただき，ICT分野に興味をもつ方が増えれば，コーディネーターとしてこれ以上の喜びはありません．

索 引

【欧字・数字】

A. Mehrabian　　90
Agile method　　99
ALS　　82
AR　　71
ART　　14
BMI　　82
CDISC　　88
CG　　71
CITS　　29
DARPA　　83
DustBot　　55
ECoG　　82
FDA　　80
FP 7　　99
GUI　　65
HMD　　74
HMI　　29
Horizon 2020　　100
HUD　　76
IEC　　29
IEEE　　29
IoA　　71
ISO　　28
ITS 情報通信システム推進会議　　29
ITU　　29
JISC　　28
KIST　　100
MR　　71
NIRS　　82
P. Ekman　　90
RoboLaw　　5, 100
Robot-Era　　101
RT　　46
SAE International　　29
SR　　71
SS-MIX　　88
SSSA　　102
TTC　　29
UX　　77
V2V　　15
VR　　71
VR ジャーナリズム　　74
VR セラピー　　80
WP 29　　30

【あ】

アメリカ食品医薬品局　　80
アンドロイド　　46
意識　　65
意識・感情レベル　　26
意思決定　　98
一般市民　　41
移動最適化システム　　31
ウェアラブル脳波計　　87
エネルギー　　32
エネルギー消費量　　37
エンドユーザ　　7
オープンソース　　99

オプトアウト　97
オプトイン　97

【か】

外見　46, 56
拡張現実　71
過去空間　71
可視化　40
仮想空間　71
仮想現実　71
韓国科学技術研究院　100
感情認識　91
感情認識処理　61
拒否感　68
距離感　51
クラウド　17, 27, 50, 60, 74, 84, 91
現実感　71
現実空間　71
検証機構　70
公的サービス　99
行動制限　86
合目的　96
小型化率　3
国際的臨床研究データ交換基準　88
国際電気通信基礎技術研究所　55, 84
国際電気通信連合　29
国際電気標準会議　29
国際標準化機構　28
国防高等研究計画局　83
個人差　66
個人情報　11
個人情報提供　44
個人の裁量　98
個性　48, 50
個性情報　52, 58
個性提供者　53
個性の再現　57
コンピュータグラフィックス　71

【さ】

サービスロボット　56
雑念解析　87
雑念フィルタ　87
ジェミノイドF　56
嗜好　49
指数関数的成長　37
自制機能　78
次世代都市交通システム　14
視線カスケード効果　86, 92
視注意　92
自動運転　20
自動運転システム　13
自動運転レベル　16
自動車技術会　28
自動車基準調査世界フォーラム　30
自閉症　80
車車間通信　15
車両信号　25
周辺言語表現　90
手動運転　20
消費電力　34
情報　32
情報通信技術委員会　29
食料　32
処理エラー　67
自律性　101
シンギュラリティ　37
人工現実　71
侵襲型　82
身体性　101
心理的依存　57
ステークホルダー　6
ストレス　92
ストレスチェック　95
スポンサーユーザ　7
スマートシカゴ・コラボラティブ　99

スマートシティ 31,99
スマートホスピタリティ 31
性格 50
生活資源 32
制御権 86
生体信号 25
精度の誤差 79
セラピスト 80
走行情報 24
装着 62

【た】

代替現実 71
注視点 81
注目 81
長寿命化 68
著作権法 53
通信量 34
テストベッド 42
デフォルト 53
電波産業会 29
東芝 55
特許 54
ドローン 76

【な】

内蔵 50
日本工業標準調査会 28
日本ロボット工業会 45
ニューロフィードバック 84
人間拡張 71
人間性 101
認証機関 28
ネットワークロボット 55,101
脳イメージ 84
脳情報データベース 89
脳深部刺激療法 84
脳波 83

脳波形 82
脳波認証 87

【は】

バージョンアップ 40
パーソナルデータ 11
バーチャルアイドル 74
バーチャルセラピー 74
パートナー 55
ハッカー 18
パラレルワールド 76
汎文化的標識 91
皮質脳波 82
非侵襲型 82
ピチョーリ市 56
微表情 93
紐付け 26
ヒューマンインタフェース・デザイン 99
標準化 28,69
表情 90
普及率 2
複合現実 71
副作用 80
プライバシー 11
プライバシー情報 43
プライバシー保護 69
プローブ情報 24
プロフェッショナル 41
分身 76
ヘッドアップディスプレイ 76
ヘッドマウンティドディスプレイ 75
ヘルスケア 100
歩行アシスト 63
歩行弱者 63
没入 76
没入型デジタル環境 71
没入感 77

【ま】

マルチステークホルダー　6
水　32
水消費量　37
無意識　65
無線給電　69
モニタリング　25

【や】

ユーザ参加型設計　99
ユーザ体験　77
ユーザの期待感　8

【ら】

ライフスタイル　1
利害関係者　6
理学療法士　63
リハビリ　63
利用者の視点　40
利用者の同意　97
履歴情報　49,54,81
レイ・カーツワイル　37
連鎖　32
連鎖システム　38
路車間通信　15
ロボット再現　60
ロボットロス　60

著　者

土井美和子（どい　みわこ）

1979 年　東京大学大学院工学系研究科修士課程修了

現　　在　国立研究開発法人情報通信研究機構 監事 博士（工学）

専　　門　ヒューマンインタフェース

コーディネーター

原　隆浩（はら　たかひろ）

1997 年　大阪大学大学院工学研究科修士課程修了

現　　在　大阪大学大学院情報科学研究科 教授 博士（工学）
　　　　　国立情報学研究所 客員教授

専　　門　データ工学，モーバイルコンピューティング

共立スマートセレクション 9
Kyoritsu Smart Selection 9
ICT 未来予想図
―自動運転，知能化都市，
ロボット実装に向けて―
Future Prospective View of ICT
2016 年 7 月 10 日　初版 1 刷発行

著　者　土井美和子　Ⓒ 2016
コーディ
ネーター　原　隆浩

発行者　南條光章

発行所　**共立出版株式会社**
　　　　郵便番号　112-0006
　　　　東京都文京区小日向 4-6-19
　　　　電話　03-3947-2511（代表）
　　　　振替口座　00110-2-57035
　　　　http://www.kyoritsu-pub.co.jp/

印　刷　大日本法令印刷
製　本　加藤製本

検印廃止
NDC 548.3

ISBN 978-4-320-00909-7

一般社団法人
自然科学書協会
会員

Printed in Japan

JCOPY ＜出版者著作権管理機構委託出版物＞
本書の無断複製は著作権法上での例外を除き禁じられています．複製される場合は，そのつど事前に，出版者著作権管理機構（TEL：03-3513-6969，FAX：03-3513-6979，e-mail：info@jcopy.or.jp）の許諾を得てください．

見つかる(未来),深まる(知識),広がる(世界)

共立 スマートセレクション

本シリーズでは,自然科学の各分野におけるスペシャリストがコーディネーターとなり,「面白い」「重要」「役立つ」「知識が深まる」「最先端」をキーワードにテーマを精選しました。第一線で研究に携わる著者が,自身の研究内容も交えつつ,それぞれのテーマを面白く,正確に,専門知識がなくとも読み進められるようにわかりやすく解説します。日進月歩を遂げる今日の自然科学の世界を,気軽にお楽しみください。

【各巻:B6判・並製本・税別本体価格】
(価格は変更される場合がございます)

❶ 海の生き物はなぜ多様な性を示すのか
—数学で解き明かす謎—
山口 幸著/コーディネーター:巌佐 庸
目次:海洋生物の多様な性/海洋生物の最適な生き方を探る/他　176頁・本体1800円

❷ 宇宙食 —人間は宇宙で何を食べてきたのか—
田島 眞著/コーディネーター:西成勝好
目次:宇宙食の歴史/宇宙食に求められる条件/NASAアポロ計画で導入された食品加工技術/他　126頁・本体1600円

❸ 次世代ものづくりのための電気・機械一体モデル
長松昌男著/コーディネーター:萩原一郎
目次:力学の再構成/電磁気学への入口/電気と機械の相似関係/物理機能線図
……………………200頁・本体1800円

❹ 現代乳酸菌科学—未病・予防医学への挑戦—
杉山政則著/コーディネーター:矢嶋信浩
目次:腸内細菌叢/肥満と精神疾患と腸内細菌叢/乳酸菌の種類とその特徴/乳酸菌のゲノムを覗く/他…142頁・本体1600円

❺ オーストラリアの荒野によみがえる原始生命
杉谷健一郎著/コーディネーター:掛川 武
目次:「太古代」とは?/太古代の生命痕跡/現生生物に見る多様性と生態系/謎の太古代大型微化石/他…248頁・本体1800円

❻ 行動情報処理 —自動運転システムとの共生を目指して—
武田一哉著/コーディネーター:土井美和子
目次:行動情報処理のための基礎知識/行動から個性を知る/行動から人の状態を推定する/他…………100頁・本体1600円

❼ サイバーセキュリティ入門
—私たちを取り巻く光と闇—
猪俣敦夫著/コーディネーター:井上克郎
目次:インターネットにおけるサイバー攻撃/他……………240頁・本体1600円

❽ ウナギの保全生態学
海部健三著/コーディネーター:鷲谷いづみ
目次:ニホンウナギの生態/ニホンウナギの現状/ニホンウナギの保全と持続的利用のための11の提言/他　168頁・本体1600円

❾ ICT未来予想図
—自動運転,知能化都市,ロボット実装に向けて—
土井美和子著/コーディネーター:原 隆浩
目次:ICTと社会とのインタラクション/自動運転システム/他　128頁・本体1600円

● 主な続刊テーマ ●

美の起源…………2016年8月発売予定
地底から資源を探す/宇宙の起源をさぐる/踊る本能/シルクが変える医療と衣料/ノイズが実現する高感度センサー/社会と分析化学のかかわり/消えた?有機EL/確率・統計数学と金融工学/フィジカル・インタラクション/ソフトウェアの開発技術/数学と材料/光合成の世界/他

(続刊テーマは変更される場合がございます)

共立出版
http://www.kyoritsu-pub.co.jp/
https://www.facebook.com/kyoritsu.pub